U0258528

变废为宝的水培种菜指南

水培菜，在家种！

ペットボトルからはじめる　水耕栽培とプランター菜園

［日］畑明宏 著绘
はたあきひろ

于蓉蓉 译

中信出版集团｜北京

图书在版编目（CIP）数据

水培菜，在家种！：变废为宝的水培种菜指南 /
（日）畑明宏著绘；于蓉蓉译 . —北京：中信出版社，
2023.1
ISBN 978-7-5217-5032-4

Ⅰ . ①水… Ⅱ . ①畑… ②于… Ⅲ . ①蔬菜－水培
Ⅳ . ① S626

中国版本图书馆 CIP 数据核字 (2022) 第 226039 号

水培菜，在家种！——变废为宝的水培种菜指南
著绘： 　[日] 畑明宏
译者： 　于蓉蓉
出版发行：中信出版集团股份有限公司
　　　　　（北京市朝阳区惠新东街甲 4 号富盛大厦 2 座　邮编　100029）
承印者： 　北京启航东方印刷有限公司

开本：880mm×1230mm　1/32　印张：5.625　　字数：119 千字
版次：2023 年 1 月第 1 版　　印次：2023 年 1 月第 1 次印刷
京权图字：01-2022-6714　　　书号：ISBN 978-7-5217-5032-4
　　　　　　　　　　　　　　定价：59.00 元

目 录

·····

第一章 水 培

第三章 花盆种植

∵·. 花盆种植

推荐蔬菜的培育方法

没有田也可以！

如今，有不少人体会到了家庭菜园的魅力。特别是对于那些由于新冠肺炎疫情在家时间变长的人，培育家庭菜园可以说是最容易上手的兴趣爱好。和陪伴孩子成长一样，每日照顾蔬菜，看着它们成长也是一件趣事，加上无农药种植的蔬菜十分绿色环保、新鲜可口，就更加让人感到幸福。

不过，刚开始种植蔬菜时很多人会有"我家没有可耕种的田地""虽然在租借农园租了地，但没有时间去种""租借农园太远不方便去"等烦恼。所以在本书中，我向大家推荐水培和花盆种植。

有没有其他家用的
东西可以代替花盆？

　　我会从花盆种植开始介绍。其实没有花盆也没关系，可以用快递食品的专用泡沫箱。这种泡沫箱可以隔热，不管是在酷热的夏季还是在寒冷的冬季，都可以在一定程度上稳定土壤温度，十分适于培育蔬菜。当然，需要在泡沫箱底部打几个洞，保证其不滞水。此外，家中使用的旧篮子、点心罐、塑料瓶、牛奶盒子等许多东西都可以代替花盆。最开始不要太为难自己，轻松开始是最重要的。

小商店的花盆就足够了

　　花盆的优势是不占空间，以及可以根据天气的变化快速搬动。最开始买花盆时，没必要买很贵的花盆。小商店的花盆就足够了。不过，放满土再充分浇水后，花盆就会变得十分沉重。尽可能选择耐用的花盆吧！

塑料瓶或泡沫箱都可以代替花盆

简单的水培让室内
种植蔬菜变为现实

　　水培是一种在种植经验缺乏、日照条件不好的情况下，也可以培育植物的方法。只需要一点精力，无论是谁，都可以水培蔬菜。比如，培育从超市购买的豆苗，让其再次生长，或是利用水和豆子就可以简单地培育出豆芽——可以水培的蔬菜有很多。在水培过程中，土培时所必需的光、土壤和肥料都不是必需的。

　　这本书可以让大家的菜园丰富多彩，让我们一起开始种植生活吧！

致那些从现在开始水培或花盆种植的读者

无论哪个领域的专家，都是从基础开始学的。我现在可以算是园艺和园林方面的专家了，但我也是从小学三年级的时候，种植祖母给我的番茄苗、黄瓜苗和茄子苗开始的。在祖母的指导下，我的种植非常成功，得到了家人的褒奖。现在回想，那就是我的起点。我想通过这本书，告诉大家我最开始种植蔬菜的契机。

开始的原因 ❶ 水培

因为新冠肺炎疫情的影响，很多人被迫待在家里的时间变长。不要说没有田地和庭院，很多人连阳台都没有，特地购买土和花盆对很多人来说并不现实，不过即使这样，人们也可以水培蔬菜。

即使是在寒冷的冬季，水培也能让我们在室内种植蔬菜。蔬菜也可以作为观叶植物用来欣赏，而且就算是体力不足的老人，也可以种得很好。

开始的原因 ② ## 用小商店的花盆就能建菜园

使用小商店的花盆就很好。下面介绍打造这样的菜园需要注意哪些事情，以及可以种植哪些蔬菜。菜园浇水等日常管理都很简单，不难坚持。其他的道具在小商店均可以买到。

开始的原因 ③ ## 将生鲜垃圾变成蔬菜

生鲜垃圾居然可以轻松变成健康的蔬菜。时尚！环保！健康！

开始的原因 ④ ## 在室内培育豆芽

在日照不好的室内轻松打造菜园。

开始的原因 **5** ## 培育可以粗放管理的香草

用小花盆也能简单种植香草。只需要少许香草就可以让生活多姿多彩。

开始的原因 **6** ## 培育可以吃的花

美丽的花朵不仅可以当作装饰，还可以增加沙拉的配色。一起来打造种植、观赏、品尝三位一体的花田菜园吧！

万事开头难，希望我这本书能成为大家开始"可能的菜园生活"的契机。不要害怕失败，尽可能从轻松的部分开始。将小小的成功积攒起来，就可以让生活多姿多彩，丰富心灵。

第一课
至
第六课

第一章

水 培

第一课

初学者也可以水培

对于想要种植蔬菜的读者，我首先推荐的就是水培。水培的优点很多，比如不需要特别准备容器、肥料和土，只要想开始就能立刻开始，也不会受天气影响。

水培的**优势** ① 可以立刻开始

水培只需要容器、水和海绵擦。也就是说，可以利用家里的东西立刻开始。种子需要在网上购买，不过现在下单后第二日就能到。园艺专用土也可以通过网络购买，不过因为体积较大、重量较沉，所以配送费昂贵。

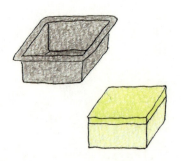

水培的优势 ② 可以立刻完成

　　就算是只有三分钟热度的人也可以尝试。其实我也没有什么耐心。抱着任何时候都能停下来的心情开始，你会轻松一些。

水培的优势 ③ 节省空间，可以室内种植

　　我的朋友因为年纪较大，膝盖会疼，不愿意一会儿站一会儿坐，所以选择水培。水培可以在室内进行，所以轻松很多。水培植物还能放在餐桌上，这样无论是坐在椅子上还是坐在轮椅上，都能轻松种好植物。

水培的优势 ④ **可以观赏**

水培植物可以当作观叶植物培养。

水培的优势 ⑤ **没有重体力劳动**

因为不用搬运装满土的花盆，也不用在庭院里耕地，所以对不擅长体力劳动的女性和老年人而言十分轻松。

水培的优势 ⑥ 不容易受季节和天气的影响

　　人类觉得舒适的温度也是蔬菜发芽、生长的适宜温度。水培一般在室内进行，所以和外面的天气无关，整年都可以轻松进行。

20～25 摄氏度

在室内轻松愉快地种植也是水培的魅力

第二课

水培需要的道具和肥料

准备水培种植时，不需要特地去大型超市或园艺店购买物品，只需要利用家里的东西，或是去小商店买一些即可。用厨房的东西开始试试？

需要购买肥料。水培，顾名思义，不需要土壤就可以培育植物。就一般的园艺而言，土壤中含有肥料，可以让植物生长发育，但是水培没有土，就需要提供溶水性液体肥料（下文称为"液肥"）。下面推荐一些肥料并介绍其特征和使用方法。

	普通花盆	水培
定植	园艺专用土 （种植花和蔬菜的土）	海绵擦或厨房专用纸
容器	花盆	塑料瓶、豆腐盒或纸杯
肥料	液体或固体肥料	只用无机液肥
道具	移植铲	刻刀

液肥吸收快、见效快

液肥一般用原液稀释，或是用粉末溶于水制成。植物根在吸水的同时吸收液肥，见效很快。花盆中使用的固体肥料需要微生物分解，这会花费一些时间，所以在水培中并不适用。

适合水培的液肥一般为无机肥

液肥分有机肥和无机肥（简称"化肥"）两种。水培时只能用无机液肥。有机液肥会使水变浑浊，长时间浸泡植物会使植株腐烂，而无机液肥不会造成这样的后果。

海绵擦有的加了肥皂，有的加了研磨剂，要选择前者。特别推荐两层的海绵擦，这种海绵擦一般一层是无纺布，一层是海绵。

确认商品性质

可以使用塑料瓶轻松水培

准备物品

① 塑料瓶
② 刻刀
③ 海绵擦
④ 蔬菜种子（叶生菜种子等）
⑤ 液肥

顺序

① 将塑料瓶上部切掉7~8厘米。

② 将饮水口倒过来插入下部瓶中（不要瓶盖）。

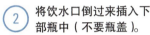

③ 将海绵擦切下3厘米大小的一块，在上层的无纺布上切2厘米深的十字切口。

④
- 在瓶中注入水，海绵擦就会吸水。
- 将2~3粒叶生菜或罗勒种子放入十字切口中。
- 发芽之前要保持湿润。

⑤
- 发芽后摆放在光照充足、通风良好的窗边。
- 生根后，使水位保持在根部一半的位置。

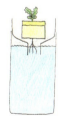

⑥
- 当根长到穿过饮水口时，就可以施液肥了。
- 然后使水位保持在饮水口附近。
- 用铝箔将塑料瓶包住，根能更好地生长。
- 在根生长的过程中，水很容易变污浊，所以要勤换水。
- 要将受伤的根切掉。

第三课

水培成功的要点

要想开始水培，首先要了解种子的特征，了解植物是否喜好光照，这些对于打造合适的水培环境非常重要。

了解种子的特征

是喜光还是喜阴种子？

喜光种子

发芽时需要光照的植物种子就是喜光种子。喜光种子在土培时，播种后需要在种子上覆盖一层很薄的土。而水培时，需要在海绵擦上播种，使种子接收阳光。不过，这样种子会干燥，所以为了防止干燥，需要使用厨房专用纸覆盖。

> **喜光种子** 代表
>
> 罗勒、胡萝卜、叶生菜、苦菊

喜阴种子

发芽时不需要光照的种子就是喜阴种子。这种类型的种子较多。土培时，在播种后覆盖一层较细的土来遮蔽光照。水培时，在海绵擦切口中播种。

> **喜阴种子** 代表
>
> 小松菜、白萝卜、葱、韭菜

种子发芽的合适温度

多数种子发芽的适宜温度为 20~25 摄氏度。这个温度是人类觉得最舒适的温度。因为水培时播种是在室内进行的，所以水培和室外土培相比，更容易创造出适于发芽的播种环境。

水培成功的关键是"清洁的水源"和"充足的光照"。在此基础上，需要注意六大要点。

要点 1

合适的器具
（海绵擦、纸杯、矿泉水瓶、豆腐盒等）

挑选海绵擦时，尽量选择松软的。硬海绵间隙小，根系无法伸展。可以挑选形状和颜色好看的容器，提高美观度。

充足的光照

每日要最少提供 3~4 小时的光照。如果光照不足，水培植物不能进行光合作用，就无法正常生长。在室内水培时，可以将植物放在窗台。如果是在光照不足的环境下水培，可以购买植物照灯进行人工光照，一般书桌用的台灯也有一定效果。

要点
3

清洁的水源

水源污染是植物枯萎的原因之一。如果用自来水种植，每日换水是最理想的。如果没时间换水，可以将容器中的水摇一摇。每日至少摇一回，让空气中的氧气进入水中。推荐在屋外放一个盒子收集雨水用于水培。雨水中的氧气含量丰富，有利于植物生长。

要点 4 　根浸水的位置

　　这是十分重要的一点。根吸收水中的营养，也会摄取氧气。最好让根系末梢浸泡在水中，让根和茎相接的地方暴露在空气中。每日需水量会因植物种类和成长阶段的不同而不同。要仔细观察再决定根浸水的位置。

要点 5 　肥料的稀释倍数和施肥频率

　　可以施用水培专用肥料，或是说明书中标明"可以用于水培"的肥料。稀释倍数和施用频率要严格依照说明书。施用过量会起反作用。

要点 6 　水培套装选择

　　如果要在网上或店里购买水培套装，可以根据"没有时间但想水培"这类标签来选择。

小松菜的水培

1
准备海绵擦、容器、小松菜种子等。

2
在海绵擦上切两个2厘米深的切口。

3
往容器中倒水。

4
将海绵擦压进水中，让海绵擦充分吸水。

5
将小松菜种子用竹签塞进切口。

6
喷水。

7
为了防止干燥，可以轻轻盖上盖子（不要盖紧，让空气可以进入）。

8
3~4日后就发芽了，1周后植物根系就会从海棉擦底下伸出。尽可能放在窗边培育。如果接触不到阳光，可以用台灯照明。

9
当根系从海绵擦底部伸出后，在容器底部放2厘米厚的一层陶粒。

10
不要让根被阳光照到，用铝箔覆盖容器四周。用水浸湿陶粒。将海绵擦放在陶粒上。每周施用一次液肥。

11
收获间苗下来的嫩菜也是一种乐趣。

※ 陶粒是用黏土高温烧制的发泡球状土。细小的孔穴中有空气，可以为植物提供氧气。

第四课

用超市的蔬菜开始自己的菜园生活，
轻松进行蔬菜再生产

超市的蔬菜可以分为"活体蔬菜"和"其他蔬菜"两种。比如，带根的葱就是"活体蔬菜"，而不带根的生菜就属于"其他蔬菜"。我们现在需要关注的是前者。基本上可以这样判断，带根就等于还活着。在这些蔬菜中，选择那些留下根就可以进行再生的蔬菜。最近，这种再生蔬菜很受欢迎。

豆苗再生10天后

32

再生蔬菜的优势 ① ▶ # 零基础入门

　　再生蔬菜也是水培的一种，并且不需要什么特别的工具，它们都能在超市买到。

┈┈┈ 需要准备的物品只有三个 ┈┈┈

❶ 带根的蔬菜
❷ 容器（盘子、玻璃杯、豆腐盒等）
❸ 自来水

再生蔬菜的优势 ② ▶ # 收获快

　　从开始种植到收获有时只用 1~2 周。

再生蔬菜的优势 ③ ▶ # 实惠

　　买一盘豆芽，如果培育得好，也许可以吃到三盘。

再生蔬菜的优势 ④ ▶ # 可以作为观赏植物

　　生长速度很快，可作为鲜活的室内装饰。

再生蔬菜的优势 ⑤ ▶ # 可以与孩子一起培育

　　和孩子一起观察不断生长的蔬菜也是一种乐趣。

推荐用豆苗挑战蔬菜再生

最具代表性的再生蔬菜是豆苗。豆苗就如字面所示是豆子的苗。

豆苗再生

豆苗可在10日后采收，再过10日可采收第二次

蔬菜再生成功的要点

要点 1 **每日用流动水清洗根系并换水**

为根提供清洁的水源是很重要的，不过用流动水清洗根系排出的废物更为重要。

要点 2 **只将一半根系浸泡在水中，要让根系能接触到空气**

根系除了需要水还要空气，根系如果完全浸泡在水中，就无法呼吸了。

要点 3 放入稍微大一些的容器中，确保根有伸展的空间

随着植物生长，根系也会伸展。让根系伸展，叶子才会长得更大。

要点 4 放在明亮的窗边，每日旋转 90 度

让植物无死角接收光照，可以让它健康生长。

要点 5 将容器变成装饰

一边观赏一边食用，十分有趣。

其他可再生蔬菜推荐

胡萝卜和白萝卜

以前切下来就丢弃的胡萝卜和白萝卜根部，也可以用来水培。

胡萝卜的叶子富含 β 胡萝卜素和维生素 E。白萝卜的叶子用香油翻炒后浇上自制的酱，也十分美味。不管是哪一种萝卜，推荐用浅容器水培，将根部的一半浸泡在水中即可。

罗勒和薄荷

用少量的香草可以做很多事情。再生蔬菜不必特地去购买。用剩的罗勒或薄荷即使没有根，也可以直接泡在水中，数日之后就会生根。浸泡在水中的部分要去掉叶子，放置在日照良好的室内。

自宅种植芽苗菜

芽苗菜是从发芽开始经过数日生长后的蔬菜新芽。在超市中经常能看到白萝卜芽苗菜和西蓝花芽苗菜。1990年，美国癌症医学研究表明，西蓝花芽苗菜的营养价值极高，这在世界范围内引起反响。

芽苗菜的魅力 营养丰富

芽苗菜营养丰富，富含维生素和抗氧化物质，可以提供人体必需的营养和能量。

芽苗菜的魅力 ② 可以做成简单的菜肴

采收十分简单。可以放在沙拉上做点缀，或做成简单的菜肴。也可以用在肉卷、鱼菜等菜肴中。

芽苗菜的魅力 ③ 收获周期很短

收获周期很短。可全年在厨房水培。从播种到收获只需要 1 周，是能十分快速采收的蔬菜。用市场上销售的专用种植容器，任何人都能轻松培育。

芽苗菜的魅力 ④ 可以实现无公害种植

不需要土壤，再加上培育时间短，所以可以实现无公害种植。

水培前要知道的事情

❶ 种植的适宜温度为 18～25 摄氏度。
❷ 放置在夏季凉爽、冬季温暖的室内，避免空调直吹或阳光直射。
❸ 一定要购买芽苗菜专用种子。

水培成功的要点是营造让种子快速生长的环境。一定要使用干净的水，并保持适宜的水量。

要点 1　不要让种子堆在一起

种子遇水会膨胀，所以注意不要让种子堆在一起，只播种 70%～80% 的面积。

要点 2　让种子充分吸水

在播种第 1 天充分浇水，让种子吸水 5 小时，水量以完全覆盖种子为宜。

育苗

第 1 天

第 3 天

注意水量

第 2 天之后每天浇水。酷夏时，要勤浇水。水量以没过种子一半为宜，种子既需要水也需要氧气。但水量过多时，种子就会腐烂。

不要让叶子沾水

当叶子伸展以后，让根系的一半浸泡在水中即可。尽可能不要让叶子沾水。

叶子变绿后就可以采收了

在采收前 1～2 天让植株见光，就可以让叶子变绿。采收时用剪刀从根部剪下自己喜欢的长度，吃之前要认真清洗。

第4～5日

第6～7日

第8日（长成）

用种植容器来培育芽苗菜。白萝卜发芽后很有营养，可以添加到沙拉等许多菜肴中。

准备物品

❶ 种植容器
❷ 芽苗菜种子
❸ 喷雾

想成功种植芽苗菜，首先要保持环境清洁。使用种植容器前，一定要清洗干净。

顺序

从播种开始培育芽苗菜

发芽的适宜温度为 25 摄氏度。不要让种子在种植容器中堆在一起。种子的一半浸泡在水中即可，不要将种子全部浸泡在水中，不然种子会因无法呼吸而腐烂。

种植第 1 日

用铝箔盖住容器，并放入纸箱中。如果直接用手触碰种子，会让杂菌附着在种子上，所以一定要小心，推荐使用一次性筷子。

种植第 **2** 日

种子吸水后膨胀。容器中的水每日换一两回，然后放在暗处继续培育。

种植第 **3** 日

条件理想时，第 3 日就会发芽。然后继续放在暗处培育。水量以浸泡种子一半为宜，每日换两回水。

种植第 **4~6** 日

等到根系萌发后，水就会慢慢减少。保持根系一半浸泡在水中。这时要勤换水。仍然要放在暗处培育。

种植第 **7~8** 日

等到根系充分伸展，茎长到 5~6 厘米就可以食用了。放在阳光下接受 1~2 日光照，让植株变绿，这时的营养价值最高，观感也很好。不过要避免阳光直射。

收获

长成的苗可用剪刀收割。根也富含营养，所以也可以不用剪刀，而是连根拔起食用。

第六课

用纸箱种植豆芽

在没有阳光的房间里也可以培育的蔬菜，就是新手入门蔬菜，比如豆芽。

1 没有阳光。

2 每日换 2~3 次水。

只要做到以上这两点，7~10 天就能收获。在厨房进行简单种植，就可以轻松培育绿豆或大豆的豆芽。

❶ 豆芽种子（绿豆
　 或大豆等）
❷ 浅广口瓶
❸ 纱布或漏网
❹ 皮筋
❺ 纸盒

挑选种子的方法

　　种植豆芽可以选择市场上卖的种植专用种子或食用大豆等。在购物中心、园艺商店和网店均可买到。

　　不要选择市场上那些经过杀菌处理的种子。

豆芽的种类

绿豆芽
它是常见的豆芽，可以炒或煮着吃。

大豆芽
大豆芽更挺拔，适合做凉拌菜。

黑豆芽
它是清爽可口的豆芽。

小扁豆芽
它是4~5日就可以采收的速成豆芽。

豆芽和芽苗菜的区别
豆芽是芽苗菜的一种，专指从发芽到收获都没有见过光的植物。而大多数芽苗菜在生长过程中都见过阳光。

种植第
1
日

① 在浅广口瓶中放入豆芽种子，排成 1~2 列。

② 在瓶中加入 80% 的水，让种子充分吸水 8 小时。用纱布包裹瓶口，用皮筋扎紧。种子长成豆芽可以膨胀 20 倍，所以一定不要加入过多种子。

种植第
2
日

水会稍微变浑浊，但不用担心。

① 揭开纱布倒掉水，再加入新水并摇晃容器，降低浑浊度。重复 2~3 次。

② 当水变浑浊后，要倒干全部水。

③ 把容器放入纸箱中，并放在橱柜等暗室中培育。

④ 每日换水 2~3 次，水浑浊后就换水。浑浊的水容易让豆芽腐烂，所以一定要小心。

种植第3日

从第3日开始发芽。(到收获为止一直重复前面的操作。)

❶ 每日换水2~3次。每次要透过纱布将新水灌入瓶中，让新水和旧水对流，豆芽在其中上下翻滚。

❷ 将水倒干净，然后放入纸箱中避免阳光照射。

种植第4~5日

豆芽的茎开始伸展。揭开纱布，将种壳(种皮)去除，因为种壳会漂浮在水面。

种植第6日

豆芽的茎基本已经长出来了，并开始生根。

种植第7~10日

豆芽的茎长到6~7厘米就可以收获了。一般7~10日就可以收获。

种植注意点

要在20~30摄氏度的室温下培育。最低温度要保持在15摄氏度以上。超过25摄氏度豆芽容易受伤，所以每日早中晚换水3次。

第二章

推荐十种水培蔬菜

1

白萝卜芽苗菜

在出现芽苗菜之前，白萝卜芽苗菜就是餐桌上的传统食物了。白萝卜芽苗菜有抗氧化和抗菌作用。有辣味，适合搭配各种沙拉或菜肴食用。

1 播种

在容器底铺一层纸巾，浸湿。摆放种子，让种子不要堆叠，铺满整个底部的 70%~80%。

2 避光

容器要盖上盖子，放入纸箱中。

3 每日浇水

水量以浸泡种子或根的一半为宜。种子和根都需要水和氧气。水过多会导致种子或根腐烂。

4 收获（第7~10日）

当芽苗菜长到10厘米左右高，并且子叶展开后，放在窗台边2~3日，让其照射阳光，叶子变绿后就可以收获了。

白萝卜芽苗菜（第9日）

2

西蓝花芽苗菜

西蓝花芽苗菜中抗氧化成分的含量是成熟西蓝花的 8 倍。可以搭配豆腐等，做成药膳、沙拉或汤羹食用。西蓝花芽苗菜培育简单，很少会失败。

1 播种

在容器底铺一层纸巾，浸湿。摆放种子，让种子不要堆叠，铺满整个底部的 70%～80%。因为植株较矮，所以选用浅陶器为宜。

2 避光

容器要盖上盖子，放入纸箱中。使用陶器种植时，要用铝箔遮光。

3 每日浇水

水量以浸泡种子或根的一半为宜。种子和根都需要水和氧气。水过多会导致种子或根腐烂。

4 收获（第 7～10 日）

当苗长到 6 厘米左右高，并且子叶展开后，放在窗台边 3 日照射阳光，叶子变绿后就可以收获了。

西蓝花芽苗菜（第10日）

3

牵牛花芽苗菜

在东南亚广泛种植，和芋头的茎叶相似，可食用。富含维生素和无机盐，可以炒菜、煮汤、腌渍。

1 播种（发芽温度保持在 20 摄氏度最为理想）

在容器底铺一层纸巾，浸湿。摆放种子，让种子不要堆叠，铺满整个底部的 70%～80%。

2 避光

容器要盖上盖子，放入纸箱中。

3 每日浇水

水量以浸泡种子或根的一半为宜。种子和根都需要水和氧气。水过多会导致种子或根腐烂。

4 收获（第 10～15 日）

当苗长到 6 厘米左右高，并且子叶展开后，放在窗台边 4～5 日照射阳光，叶子变绿后就可以收获了。

牵牛花芽苗菜（第 15 日）

4

豆苗

　　豆苗是豌豆的苗。豆苗有特殊的香气，吃起来甘甜爽口，适合做许多菜肴。

1 播种

　　在容器底铺一层纸巾，浸湿。摆放种子，让种子不要堆叠，铺满整个底部的 70%～80%。

2 避光

　　容器要盖上盖子，放入纸箱中。使用陶器种植时，要用铝箔遮光。

3 每日浇水

　　水量以浸泡种子或根的一半为宜。种子和根都需要水和氧气。水过多会导致种子或根腐烂。

4 收获（第10～15日）

　　当苗长到10厘米左右高，并且子叶展开后，放在窗台边2～3日照射阳光，叶子变绿后就可以收获了。

豆苗（第15日）

5

青椒芽苗菜

　　青椒芽苗菜吃起来很像青椒，十分适合搭配鸡蛋或肉类，也可以用来做三明治，起到提味的作用。

1 播种

　　在容器底铺一层纸巾，浸湿。摆放种子，让种子不要堆叠，铺满整个底部的 70%～80%。因为植株较矮，所以选用浅陶器为宜。

2 避光

　　容器要盖上盖子，放入纸箱中。使用陶器种植时，要用铝箔遮光。

3 每日浇水

　　水量以浸泡种子或根的一半为宜。种子和根都需要水和氧气。水过多会导致种子或根腐烂。

4 收获（第 7～10 日）

　　当苗长到 4～5 厘米高，并且子叶展开后，放在窗台边 2～3 日照射阳光，叶子变绿后就可以收获了。

青椒芽苗菜 （第10日）

6

紫甘蓝芽苗菜

茎为紫红色，适合用来点缀沙拉。没有臭味，富含有助于消化肉类的酶，抗氧化作用强。富含维生素C，是一种非常有利健康的蔬菜。

1 播种

在容器底铺一层纸巾，浸湿。摆放种子，让种子不要堆叠，铺满整个底部的70%~80%。因为植株较矮，所以选用浅陶器为宜。

2 避光

容器要盖上盖子，放入纸箱中。使用陶器种植时，要用铝箔遮光。

3 每日浇水

水量以浸泡种子或根的一半为宜。种子和根都需要水和氧气。水量过多会导致种子或根腐烂。

4 收获（第10~12日）

当苗长到4~5厘米高，并且子叶展开后，放在窗台边2~3日照射阳光，叶子变绿后就可以收获了。

紫甘蓝芽苗菜（第12日）

7

青紫苏芽苗菜

适合做日本菜肴或药膳，切碎放入饮料中也十分好喝。还可以卷寿司或火腿肉，口感清爽。

1 播种

在容器底铺一层纸巾，浸湿。摆放种子，让种子不要堆叠，铺满整个底部的 70%～80%。因为植株较矮，所以选用浅陶器为宜。

2 避光

容器要盖上盖子，放入纸箱中。使用陶器种植时，要用铝箔遮光。

3 每日浇水

水量以浸泡种子或根的一半为宜。种子和根都需要水和氧气。水量过多会导致种子或根腐烂。

4 收获（第15～20日）

当苗长到4～5厘米高，并且子叶展开后，放在窗台边2～3日照射阳光，叶子变绿后就可以收获了。

青紫苏芽苗菜（第17日）

8

紫苜蓿芽苗菜

紫苜蓿芽苗菜是一种营养丰富的牧草，像丝线一样纤细可爱，富含胡萝卜素和维生素 C。

1 播种

在容器底铺一层纸巾，浸湿。摆放种子，让种子不要堆叠，铺满整个底部的 70%～80%。

2 避光

容器要盖上盖子，放入纸箱中。

3 每日浇水

水量以浸泡种子或根的一半为宜。种子和根都需要水和氧气。水量过多会导致种子或根腐烂。

4 收获（第 10～15 日）

当苗长到 4～5 厘米高，并且子叶展开后，放在窗台边 2～3 日照射阳光，叶子变绿后就可以收获了。

紫苜蓿芽苗菜（第 14 日）

9

芝麻菜芽苗菜

富含蛋白质、亚油酸，也含有芝麻素等抗氧化物质，以及钙、镁、铁等人体必需的元素。亚油酸可以调节胆固醇，有助于预防血栓。

1 播种

在容器底铺一层纸巾，浸湿。摆放种子，让种子不要堆叠，铺满整个底部的 70%～80%。

2 避光

容器要盖上盖子，放入纸箱中。

3 每日浇水

水量以浸泡种子或根的一半为宜。种子和根都需要水和氧气。水量过多会导致种子或根腐烂。

4 收获（第 15～20 日）

当苗长到 4～5 厘米高，并且子叶展开后，放在窗台边 2～3 日照射阳光，叶子变绿后就可以收获了。

芝麻菜芽苗菜（第 17 日）

10

绿豆芽

绿豆芽富含维生素 A 和维生素 C 以及各种无机盐，还含有维生素 E。

1 播种

在容器底铺一层纸巾，浸湿。摆放种子，让种子不要堆叠，铺满整个底部的 70% ~ 80%。

2 避光

容器要盖上盖子，放入纸箱中。

3 每日浇水

水量以浸泡种子或根的一半为宜。种子和根都需要水和氧气。水量过多会导致种子或根腐烂。

4 收获（第 10 ~ 15 日）

当苗长到 10 厘米左右高，并且子叶展开后，放在窗台边 2 ~ 3 日照射阳光，叶子变绿后就可以收获了。

绿豆芽 （第15日）

第七课
至
第十八课

第三章

花盆种植

第七课

花盆种植的魅力和注意事项

小商店就能让你迅速开始

即使不去购物中心或园艺店，也能迅速开始花盆种植。只要家附近有小商店，就能备齐所有物品。一想到"开始种蔬菜吧"，就能立刻开始！

从小商店开始打造菜园

蔬菜种子⋯⋯⋯⋯⋯⋯	5 元
花盆⋯⋯⋯⋯⋯⋯⋯⋯	5 元
园艺专用土⋯⋯⋯⋯⋯	5 元
盆底石⋯⋯⋯⋯⋯⋯⋯	5 元
肥料⋯⋯⋯⋯⋯⋯⋯⋯	5 元
	25 元

25 元就能搞定！

肥料

蔬菜种子

园艺专用土

盆底石

花盆

只需要一点空间即可！

即使在狭小的空间里，花盆种植也可行，比如在阳台等不怎么碍事的地方。如果光照充足，花盆也可以放在玄关。

花盆种植的魅力 ⋯⋯ 3

日常管理简单

在阳台和玄关等日常生活的地方放置花盆，浇水和收获也不费事。在繁忙之余，抽空休闲一下也是不错的选择。

花盆种植的魅力 ⋯⋯ 4

不喜欢虫子？可以轻松实现无农药种植！

阳台上的花盆比庭院菜园和租借农园中的害虫少很多。另外，花盆整体罩上防虫网，就可以防止害虫啃食蔬菜。

花盆种植的魅力 ⋯⋯ 5

打开交友圈

种植一棵迷你番茄就能让你心情大好，并且与周围人进行更多交流，打开交友圈，这有益身心健康。

花盆种植的注意事项

花盆种植的
注意事项 ① **采取防暑对策**

　　和庭院、田地不同，在阳台种植蔬菜时，地面的热量会聚集起来，夏季中午温度极高，所以要采取防暑对策。

　　最重要的是，不要让花盆直接接触地面，可以垫一块砖头。这样做不仅可以防暑，还可以改善盆底的通气性和排水性，促进蔬菜生长。日照强烈时，可以设置遮光帘。浇水时将地面淋湿，降温效果也很好。

　　可以在阳台放一个温度计，以便观察温度。

不要忘记打扫排水沟

不要让土和枯叶堵塞排水沟。可以在排水沟上放置金属网，定期清理。金属网上垃圾堆积过多时会溢出，所以要特别注意。另外，为了防止金属网被风吹跑，可以用曲别针固定。

花盆种植的
注意事项 ③

不要给邻居和楼下住户添麻烦

浇水：浇水时不要漏到楼下，不然可能会打湿邻居晾晒的衣物。

肥料：使用没什么味道的肥料。有机肥推荐使用"粉状发酵油渣"。

不要占用紧急通道：阳台的紧急通道是逃生用的，不要在里面放花盆。

 **空调室外机不要对着菜园**

不要在空调室外机前放花盆。空调室外机前总有风，即使浇水，土也很容易被吹干。

 **防止鸟雀和宠物伤害蔬菜**

为了防止野鸟伤害蔬菜，可以架设防护网或防寒纱。防寒纱可能会让内部闷热，夏季可以用网代替。

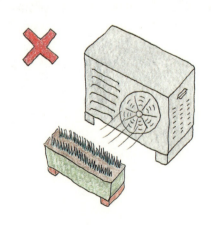

花盆底座不要积水

花盆底座容易积水，进而妨碍根系正常生长。所以，原则上不要让花盆底座积水。不过如果你需要离家 2~3 日，为了代替浇水，可以让底座积一些水。

设定防强风和台风对策

在阳台用花盆种植蔬菜时，一定要防范强风和台风，特别是高层住户，强风可能吹落花盆导致其砸伤行人。在预报有强风或台风来袭时，要提前做好准备。请参考第十七课。

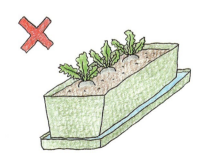

第八课

可以代替花盆的物品

第十课中介绍了花盆挑选方法，这里介绍我们身边可以代替花盆的物品。

 用纸杯也可以种菜

有些读者虽然对家庭菜园感兴趣，但是因为没有庭院和阳台，所以觉得无法打造家庭菜园。其实，用废弃的纸杯就可以种植蔬菜。

用纸杯种菜的魅力在于，不占空间，又

从右往左分别是罗勒、芝麻菜、叶生菜。图为播种3周后

能轻松移到日照良好的地方。推荐用纸杯种植叶生菜和苦菊等抗虫性强的菊科作物。纸杯特别适合种植那些采收嫩叶的作物，基本 1 个月就可以收获，对初学者十分友好。用纸杯种菜，还可以装饰桌子，十分雅致。

推荐这些品种

叶生菜………容易培育。
茼蒿…………病虫害少，容易培育。
罗勒…………成长快，耐热。
芦笋…………即使是少量，也会成为沙拉的重要成分。

需要准备的物品

❶ 种子
❷ 纸杯
❸ 园艺专用土
❹ 盆底石
❺ 液肥
❻ 竹签（一次性筷子也行）
❼ 浅盘（可以用家里的盆或盘子）
❽ 喷雾

— 重点 —
纸杯要有 7 厘米深。

培育方法

1 在纸杯底部，用竹签开一个可以流水的孔。

2 在纸杯里放入盆底石至 1/3 处。然后覆盖园艺专用土，浇水，让土壤充分湿润。

3 均匀播种，并覆盖薄土，用喷雾打湿表面的土壤。

4 放置在光照良好的窗边，土壤表面干燥后用喷雾浇水。

5 播种 1 个月后，就可以从大叶开始收获蔬菜了。

培育蔬菜的诀窍

· 从第 2 周开始，每周施用 1 次液肥。
· 在纸杯下垫上一次性筷子，就可以改善通气性和排水性。

② 沥水篮可以替代花盆

沥水篮的通气性和排水性都很好，所以不需要盆底石。直接将园艺专用土倒入沥水篮，和下图中的盆搭配使用。可以从种子开始培育。

> **推荐种植以下蔬菜**
>
> 叶生菜和罗勒：它们间苗下来的嫩菜就可食用。

需要准备的物品

❶ 蔬菜种子
❷ 沥水篮
❸ 园艺专用土
❹ 喷雾
❺ 液肥
❻ 浇水壶

叶生菜的培育方法

① 倒入 90% 园艺用土，充分润湿土壤。

② 将叶生菜的种子分散播撒。

③ 在种子上面覆盖薄土。

④ 用喷雾打湿土壤表面，并覆盖厨房专用纸保湿。

⑤ 4~5 日后发芽，掀掉厨房专用纸，挪到光照良好的窗边。

⑥ 充分浇水，直到水流出沥水篮，但不要让下面的盆中积水。10 日后植物根系就会伸出沥水篮，然后每周施用 1 次液肥。

⑦ 2~3 周后就可以间苗，间苗下来的嫩菜可以食用。

⑧ 为了不让蔬菜过于拥挤、闷热，需要不断间苗，不断采收。

3 即使是泡沫箱，只要稍微加工也是很不错的花盆

购买冷冻或冷藏商品时，运输商品的泡沫箱也可以代替花盆。泡沫箱有隔热性，可以防夏季酷暑和冬季严寒，十分适合种植蔬菜，贴上贴纸就可以做出一个漂亮的花盆。一定要试试看！

需要准备的物品

❶ 泡沫箱
❷ 刻刀
❸ 贴纸
❹ 打孔器

叶生菜、芹菜、西芹等

1 准备泡沫箱和贴纸。

2 将泡沫箱做成喜欢的形状。

3 在不被土壤覆盖的部分贴上贴纸。

4 在底部间隔2厘米扎排水孔。

4 用点心盒子做花盆

　　钢制点心盒子也可以变成花盆。这个方法适合春秋两季。
推荐种植的蔬菜有叶生菜、芹菜、罗勒等。当然，香草也可以。

培育方法

① 在底部并排放上没有掰开的一次性筷子。

② 将蔬菜苗连同育苗盆一起放入盒子中。要放在
一次性筷子上，这样可以增强通气性和排水性。

③ 在育苗盆之间塞上棕榈纤维，让其掩盖盆的边缘。

④ 与其说育苗盆是种植载体，不如说是托盘。

⑤ 不要让土壤因为被阳光直射而变得干燥，每周
充分浇水 1 次，然后按标准比例使用液肥。注
意盒子里不要积水。

⑥ 植株过多会拥挤、闷热，要不断间苗、采收。

5 用塑料瓶代替花盆

　　每家每户都有塑料瓶，它也可以用来种植蔬菜。推荐使用2升矿泉水瓶种植叶菜。

需要准备的物品

❶ 2 升矿泉水瓶
❷ 刻刀
❸ 打孔器
❹ 塑料胶带

培育方法

① 准备好 2 升矿泉水瓶。

② 使用打孔器在底部打出排水孔，尽可能多打一些。在凹陷的地方打排水孔，可以更好地改善通气性和排水性。

③ 将瓶子侧放，在侧面切下适当大小的口。因为切口锋利，所以需要用胶带粘好。

④ 倒入 90% 园艺专用土，然后充分浇水。

⑤ 播种或定植菜苗皆可。

6 用牛奶盒代替花盆

可以使用耐水性好的牛奶盒代替花盆。将牛奶盒整体用胶带缠一圈，在上面绘画能让其更为美观。

❶ 牛奶盒
❷ 一次性筷子
❸ 订书器
❹ 尺子
❺ 钢笔
❻ 刻刀
❼ 打孔器

① 用打孔器在底部间隔 2 厘米打直径为 3 ~ 4 毫米的排水孔。因为孔比较小，所以一定要小心。

② 用尺子和笔画长方形，再用刻刀裁掉。为了保持盒子的形状，长方形边缘留 1 厘米比较好。

③ 用订书机订好牛奶盒的开口处。

④ 倒入 90% 园艺专用土，然后充分浇水。为了改善通气性和排水性，要将牛奶盒放在未掰开的一次性筷子上。

⑤ 播种或定植菜苗皆可。

7 用罐头罐代替小花盆

用罐头罐也可以种植蔬菜。推荐使用容量为 400 毫升的罐头罐种植叶菜。

需要准备的物品

❶ 罐头罐（容量为 400 毫升）
❷ 一次性筷子
❸ 园艺专用土
❹ 开罐器
❺ 锤子

薄荷、鼠尾草、芦笋

培育方法

① 将罐头罐清洗干净，为了防止划伤手，切口要用锤子敲弯。

② 用开罐器在罐头罐底部开几个孔，尽可能多开几个。

③ 倒入 90% 园艺专用土，充分浇水。为了改善通气性和排水性，要将罐头罐放在未掰开的一次性筷子上。

④ 播种或定植菜苗皆可。

⑤ 一定要注意，长时间使用可能会长霉菌。

8 用食品保鲜袋做成简易温室

　　培育番茄苗等夏季生长的蔬菜苗时，需要增加室温。在阳台菜园种植夏季蔬菜苗时，可以用可封口的食品保鲜袋培育蔬菜苗。

> **推荐种植以下蔬菜**
> ·番茄
> ·黄瓜
> ·秋葵

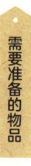

番茄苗的培育方法（3—4月开始）

需要准备的物品

❶ 番茄种子
❷ 直径为 9 厘米的临时花盆
❸ 园艺专用土
❹ 打孔器
❺ 液肥
❻ 可封口的食品保鲜袋

1. 在临时花盆中倒入 90% 园艺专用土，充分浇水，润湿土壤。

2. 用手指开三个 1 厘米深的穴，每个穴放入一粒种子。

3. 放入种子后覆盖一层土，轻压，并轻轻浇水。

4. 播种后，把花盆放入带有封口的食品保鲜袋，放在日照良好的窗边。发芽前注意不要让土壤干燥。

5. 不要放在夜间温度低于 5 摄氏度的地方。

6. 展开 2~3 片真叶后，需要间苗，一盆只剩一棵苗。

7. 每周施用 1 次液肥。

8. 蔬菜苗长大后，可以在温暖的日子放在室外通风。

9. 5—6 月就可以定植了。

保鲜袋的封口中央开一个小口，让空气进入

放在光照良好的窗边

5-6 月定植

木制标签

可以在园艺商店买园艺专用木制标签，可能不太容易买到。我一般会用冰棒棍来代替。

第九课

用鸡蛋盒种植蔬菜

家里常见的鸡蛋盒也可以用来种植蔬菜。可以种植芽苗菜或嫩叶菜，也可以用来育苗。下面介绍具体方法。

1 蔬菜种子
2 鸡蛋盒（底部和盖子都用得上）
3 打孔器或一次性筷子等可以在鸡蛋盒上打孔的工具
4 园艺专用土
5 喷雾

正在培育的芝麻菜

培育方法

① 在鸡蛋盒底部打 5 个孔，用来排水。

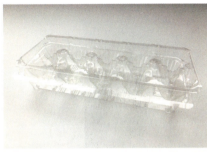

② 将鸡蛋盒底部和盖子叠放，盒底在上、盒盖在下。

③ 倒入 90% 土。

④ 将土全部浸湿，直到底部流出水为止，这样更容易固定种子。不过不要让作为底盘的鸡蛋盒盖子积水。

⑤

播种前，用一次性筷子开深1厘米的播种穴。

⑥

每个播种穴放入2~3粒种子。

⑦

用周围的土掩埋种子。

⑧

用喷雾打湿表面的土。

9 发芽前要保持土壤湿润，可以覆盖一层厨房专用纸。

10 每个播种穴最终保留一棵苗（播种10日后间苗）。

11 当展开2~3片真叶时就可以定植了。

种植芽苗菜时
推荐种植芽苗菜和西蓝花

完成步骤⑨后，置于纸箱等黑暗处。开始萌芽后将厨房专用纸揭掉。1周后从箱子中取出。日光照射2~3日后，叶子就会变绿，就可以食用了。

种植嫩叶菜时
推荐种植苦菊

播种2~3周后可以间苗，间苗下来的菜可以食用。

种植菜苗时
推荐种植罗勒

播种2周后，每周施用1次液肥。1个月后菜苗就会长大，就可以定植在花盆中了。

第十课

花盆选择方法

　　准备用花盆种植蔬菜的读者，去购物中心选购花盆时，一定会看到各种各样的花盆。那么选择什么样的花盆合适呢？

　　花盆的形状、颜色、材质都大不相同。这里做一些简单的说明，无论是在小商店、购物中心还是在园艺店购买，都可以参考。

花盆底才是重点，要注意排水性和通气性

　　我在购买花盆时，最先看的就是盆底。盆底为网格状，排水性和通气性都不错，就没问题。蔬菜喜水，并且喜欢的是活水，不喜欢积水。积水对蔬菜生长无益。另外，根

系需要吸收新鲜的空气（氧气）才能健康生长。设计精巧但无法培育蔬菜长大的花盆也没用。原来花盆的构造都是尽可能在盆底积水，让植物不至于断水，但近些年有所改变。

我最推荐的是盆底为网格状的蔬菜花盆。哪里都可以买到，购入前确认好就行。

还有圆形、盆底侧面开口的裂口花盆，也可以用来种植蔬菜，还可以用于种植庭院树木和果树苗。

蔬菜花盆

裂口花盆

推荐使用塑料花盆

接下来介绍不同材质的花盆的不同特性。

塑料花盆

花盆中放入土壤和水后就会变沉，所以一定要选择材质更为轻便的塑料花盆。沉重的花盆搬动的时候十分吃力。而塑料材质的花盆不仅轻便、价格低廉、实用性强，而且尺寸和形状丰富。缺点是长时间受紫外线照射会老化。另外，就算通气性不理想，只要盆底是网格状的就可以。如果盆底孔比较少，可以多放一些盆底石。

陶瓷花盆

质感极好，不仅时尚，通气性也好，不过比较可惜的是土壤容易干燥。放入土壤后，花盆会变得相当沉重，所以并不实用。也有陶瓷风格的塑料花盆。

陶瓷花盆

陶瓷风格的塑料花盆

塑料花盆

木制花盆

天然材质，外观大方，通气性好。不过，木制花盆长年使用容易老化，盆底必须做防腐处理，你还要知道盆底腐烂后如何处理。木制花盆可以作为可燃垃圾回收，十分环保。

海鲜店中常见的
泡沫箱花盆

在泡沫箱上开几个排水用的孔，然后就可以把它当花盆用了。在盆底孔以外的地方，铺上园艺格网。泡沫箱轻巧，隔热保湿，可以在酷热的夏季和寒冷的冬季用来种植蔬菜。将尺寸相同的泡沫箱并排放置在木架上，也是一种景色。

木制花盆

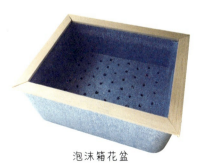

泡沫箱花盆

使用菜园专用深盆的注意事项

　　虽说花盆越大越好，但是也不必勉强。"花盆重量＋水分重量＋土壤重量＋蔬菜重量＝花盆整体重量"，所以要考虑自身的搬运能力。土壤重量和体积的比值超过 1，也就是 10 升土壤会超过 10 千克。

　　如果没有菜园专用大型花盆，也没有关系，用普通花盆也可以培育出叶菜。愿意使用园艺专用土更好，这样作物更能茁壮生长。

　　从上面看，花盆的形状分为长方形、正方形、圆形等，菜园专用花盆是长方形。不过，花盆形状对蔬菜生长几乎没有影响，所以根据花盆摆放的位置以及花盆外观来选择就好。对蔬菜生长发育有影响的是花盆的深度。叶菜不用说，培育根极深的根菜时，选择深盆比较好。

盆底为网格状的花盆

塑料花盆

1 花盆的厚度

普通花盆因为不是很厚，所以价格低廉。这样的花盆放入土壤后，搬起时容易漏底。不用考虑花盆的形状，检查一下花盆厚度才是关键。

2 花盆边缘形状

边缘加工成弯曲状的花盆有一定强度，所以购买前要先检查边缘的形状。

3 增强盆底承受力的结构

盆底受到的压力最大。用手触摸盆底，看看有没有增强盆底承受力的结构。右图中盆底有增强承受力的结构，推荐选购这样的花盆。

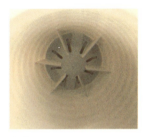

盆底

4 大小

直径为 10 厘米的花盆，用来种植蔬菜太小了，推荐选购更大的花盆。

5 不知道怎么选时

货架上一直都有的商品一般比较好。一直摆在货架上的都是没有被投诉、性价比较高的货物。

第十一课

花盆栽培的材料选择

准备土壤和肥料

❶ 园艺专用土　可以立刻使用，十分便利。

园艺专用土一般装在袋子里，可以立刻使用，十分便利。即使没有蔬菜专用土，使用花木专用土也没有问题。要放入很多底肥（最初所需的肥料）。

❷ 盆底石

浮岩一般用作盆底石，不过我推荐将大粒赤玉土作为盆底石。这样在换盆、换土时，也不用将土和石头分离。

❸ 树皮堆肥　比起腐叶土，更推荐使用树皮堆肥。

树皮堆肥的品质更稳定，可用于改良土壤和覆盖土壤表面。虽然腐叶土中也有品质较好的，但是大多数品质都不好。

❹ 肥料　使用你喜欢的肥料。所有肥料都差不多，但还是要按照肥料袋上的说明使用。

有机肥——推荐粉状发酵油渣，味道轻，见效快。

化肥——推荐使用氮、磷、钾占比都为 8% 的化肥。

缓释肥——肥料缓慢溶解生效，一般被加工成颗粒状。推荐在播种或定植前埋在土里。

液肥——兑水使用，也有可以直接使用的类型。不管哪种，都是见效极快的肥料。

颗粒肥——随着浇水，慢慢溶解。

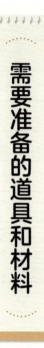

❶ 移植铲

价格稍微高一些，推荐购买整体为不锈钢的，不仅清洗简单，还不容易生锈。

❷ 园艺剪刀

用一把剪刀就可以剪开种子袋、间苗、剪断绳子、采收等。

❸ 喷壶

浇水必备物品。选择前端喷嘴可以卸掉的类型。将喷嘴向下，就不会让水溢出花盆了。

❹ 支架

包裹塑料的支架有各种长度，有竹子等自然质感的，也有时尚的。黄瓜的藤蔓一般用圆形支架牵引，以便螺旋向上攀爬。另外，也有可以自己站立的支架，常用在浅盆中。

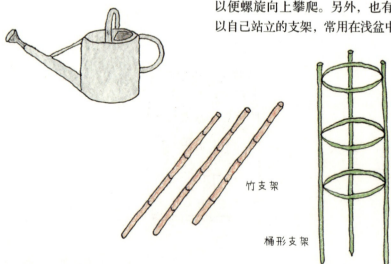

竹支架

桶形支架

❺ 绳子

使用细麻绳即可。

❻ 网

小店里卖的塑料网就很好用。
而麻绳网是可回收垃圾，很环保。

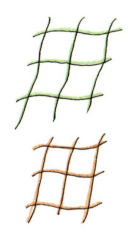

❼ 园艺专用布

换盆作业时有一张园艺专用布
会十分便利。推荐使用四角可以弯
起来的，不过也可以用报纸代替。

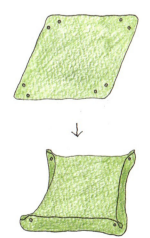

❽ 防虫网、防寒网

一张网有两个用处，无农药种
植时可作为防虫网，冬季可作为防
寒网。支架和防虫网、防寒网最好
分开购买，这样可以根据花盆尺寸
自己制作。不过成套的也很方便。

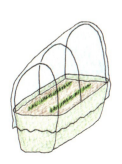

第十二课

用纸箱堆肥，开启低碳生活

纸箱堆肥是什么？

　　纸箱堆肥就是将家庭生鲜垃圾和堆肥基础材料（椰壳土和碳化谷壳）混合，使其分解为堆肥。不需要添加其他东西。

　　例如，四口之家每日能产出 500 克生鲜垃圾。将 2 个月的生鲜垃圾放入堆肥纸箱，经过 1 个月的发酵，就制成了营养丰富的自制堆肥。

纸箱堆肥

纸箱堆肥的优势

生鲜垃圾大约90%都是水分，燃烧处理会浪费许多燃料，消耗大量能源。另外，它富含营养，烧掉就太可惜了。尽可能在城市里打造微观生态循环，将生鲜垃圾100%利用起来，之前觉得处理起来麻烦的垃圾现在变成了宝贝。同时，减轻了扔垃圾的负担，减少了二氧化碳排放，节省了垃圾袋，培育了好吃的蔬菜。好处多多。

在阳台就可以简单进行纸箱堆肥，而且基本没有臭味。

需要准备的物品

❶ 纸箱

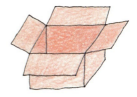

以柑橘箱的大小为宜，不需要加厚或防水纸箱（纸箱一般可以购买）

❷ 使用双层底纸箱

为了提高纸箱强度，可以做成双层底

❸ 基础材料

椰壳土15升＋碳化谷壳10升（网店或购物中心都能买到）

❹ 防虫网

将旧T恤的脖领和袖子缝合，就能制成防虫网

❺ 铲子和通风良好的网状浅盘

放入菜苗，园艺专用浅盘十分好用

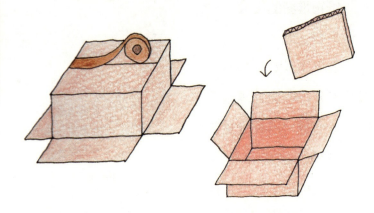

① 将纸箱搭好。不要将底部纸壳扔掉，要做成双层底。为了防止虫子侵入，要把缝隙和孔洞都用胶带封上。

② 在纸箱里放入60%混合好的基础材料（椰壳土＋碳化谷壳）。放在通风良好的网格盘上。椰壳土就是椰壳做成的有机土。碳化谷壳是谷壳碳化后的产物，可以改善通气性，同时具有保水、保温的作用。

① 将前一日的生鲜垃圾充分搅拌。

② 在中心位置挖一个坑，将当天的生鲜垃圾倒入。每日倒入生鲜垃圾的上限为500克。

③ 在上面覆盖基础材料。

④ 用防虫网将纸箱罩住。

　　尽可能将生鲜垃圾切碎，这样也能尽快分解。生鲜垃圾不用控水，直接放入即可。不要放入大量的鱼和肉。洋葱、玉米、香菇不容易分解，所以不要放入。另外，不要放入贝壳。

　　废油每日放入的上限为100毫升。将纸箱放置在淋不到雨且较温暖的地方。连续2个月每日投入生鲜垃圾后，经过1个月的发酵，就可以做成堆肥了。

第十三课

花盆土的更新方法

　　花盆中的蔬菜采收后，剩下的旧土可以直接扔掉，不过有些浪费。其实，花盆中的旧土经过更新可以反复使用。

　　按以下五点观察培育过蔬菜的土壤状况。

❶ 土壤中有老根。

❷ 土壤缺乏营养和无机盐。

❸ 有机质减少，土壤板结。

❹ 土壤产生酸性气味。

❺ 土壤中有病原菌或害虫卵。

能顺利培育出蔬菜也没有发生病虫害的土壤，可以用快速更新方法。这个方法可以改善之前提到的 ❶ ❷ ❸ 三种情况。土壤可以在花盆内完成更新。如果是超快速的土壤更新法，则需要使用循环材料，不过请尽量避开廉价的材料。

顺序

① 首先去除土壤中的老根

手动去除土壤中的老根，残留一些细根也没关系。

② 补充营养和无机盐

如果用有机肥，可以使用粉状发酵油渣。如果用缓释肥，可以用中粒缓释肥与土壤混合。根据花盆容量判断肥料使用量，在土壤表面呈玫瑰花状撒肥，用移植铲将其与土壤混合。施肥量要参考肥料袋上的说明。

③ 补充有机质，让土壤松软

减少的土壤要用树皮堆肥（有机质）填充，用移植铲搅拌。树皮堆肥不是肥料，但可以改良土壤。它不仅可以让土壤松软，还可以补充营养和无机盐。在购物中心就可以买到。

--- **不调整酸碱度的原因** ---

浇水时，水和土壤中的酸性物质会一起流出花盆，所以土壤不怎么会变成酸性。如果之前培育蔬菜没有问题，也没有病虫害发生，就基本不需要调整酸碱度。

深度更新方法

如果在种植蔬菜的过程中，出现发育不良或病虫害等问题，就有必要深度更新土壤。

这时还可以将上文所列的 ❶ ❷ ❸ ❹ ❺ 五种情况全部改善。

顺序

❶ 培育过蔬菜的花盆土　　❺ 有机石灰
❷ 45 升透明塑料袋　　　　❻ 硅酸盐白土
❸ 树皮堆肥　　　　　　　❼ 移植铲
❹ 粉状发酵油渣或中粒缓释肥　❽ 可以铺开土的垫纸

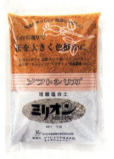

硅酸盐白土（防根腐剂）

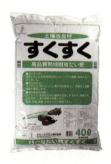

树皮堆肥（土壤改良剂）

粉状发酵油渣（有机肥）

中粒缓释肥

① 首先去除土壤中的老根

将培育完的蔬菜从土中拔出，去除土壤中的老根。粗根也要去除，不过留下一些细根没有问题。如果介意，也可以用镊子将细根清理干净。

② 为土壤补充营养和无机盐

推荐使用缓释肥，这是一种可以与土壤混合的肥料，可以长期稳定地供给营养。它没有臭味，不会滋生苍蝇等害虫，所以在住宅密集的区域也可以使用。还推荐粉状发酵油渣。在花盆土壤表面呈玫瑰花状撒肥，用移植铲将其与土混合。施肥量请参考说明书。

用镊子清理细根

施用缓释肥

施用粉状发酵油渣

③ 为土壤补充有机质，让土壤变得松软

用移植铲疏松板结的土壤的同时，加入相当于土量 10% 的松软的树皮堆肥（有机质）。要选购没有异味和小枝的树皮堆肥，不要选择便宜的。

④ 让强酸性土壤变成弱酸性

蔬菜根会分泌有机酸，有机酸能溶解土壤中的肥料，使其变成营养让植物吸收。所以，有机酸会逐渐累积在土壤中，让土壤慢慢酸化。虽然有例外，但一般蔬菜偏爱弱酸性土壤，所以要让土壤变成弱酸性。

要在土壤表面撒一层以牡蛎壳为原料、富含无机盐的有机石灰。有机石灰和土混合后，立刻就能定植。但其他石灰如熟石灰和苦土石灰与土混合后，不可以立刻定植。

混合树皮堆肥

撒一层有机石灰

⑤ 顺手加入防根腐剂

培育过蔬菜的土壤中缺乏肥料和无机盐，还会残留废物。为了让土壤恢复活力，要使用防止根腐烂的硅酸盐白土。它可以吸收、清理土壤中的有害气体和离子、杂菌等，调节酸碱度。还可以让土壤团粒化，补充无机盐，促进蔬菜的光合作用。同时，可以促进土壤活化，并让蔬菜连作变得可行。

⑥ 如果有必要，用日光消毒

在培育蔬菜时发生过病虫害的土壤也可以再利用。在更新前，将土壤分装进透明塑料袋中，压紧封口，然后阳光直射1周。袋中温度达到50~60摄氏度，就能消杀病虫害。

添加防根腐剂

阳光直射1周

第十四课

花盆病虫害防治和防寒对策

培育蔬菜的过程中最令人失望的就是病虫害。比起立刻用药治疗，最好还是在这之前打造不易发生病虫害的环境。

 【病虫害防治对策】

**最重要的是早发现、早处理，
每日浇水时观察状态**

叶子有洞或是有斑点都是发生病虫害的标志。不要只观察叶子表面，叶子背面也要检查。如果有排泄物，那虫子一定隐藏在那里。发现害虫和虫卵时，要第一时间清理干净。如果叶子有异常，可能是染病了，要摘除。蚜虫可以用水冲掉。

营造不适合病虫害生存的环境

大多数病虫害发生的原因都是光照和通风不好，且处于高温状态。尽可能将花盆移到光照良好的地方。花盆种植最大的优势就是可以随意移动。另外，种植时要有间隔，并根据成长阶段进行适当间苗，改善通风状况。

在土壤表面覆盖树皮堆肥

下雨和浇水都可能将泥土溅起，使叶子背面沾上土壤中的病原菌。如果在土壤表面铺一层树皮堆肥，就不用担心溅起泥了，而且保湿性和保温性都会得到改善，一石三鸟。

充分利用防虫网，不让成虫产卵

市场上有花盆专用防虫网。把桶形支架与花盆搭配，在其上罩防虫网，用夹子固定，当然也可以用粗别针。在罩上防虫网前，要先检查菜苗是否有害虫或虫卵。

使用黄色桶引诱害虫

　　蚜虫、潜叶蝇等都喜欢黄色。在黄色的桶中放满水，放在花盆附近，害虫就会被吸引，最终溺亡。在庭院和田地用这个方法有时反而会招来害虫，起到反作用，所以只对花盆种植有效。

不要过度施肥浇水

　　浇水的原则是"发现土壤表面干燥时，就要充分浇水直到水从盆底流出"，一定要坚守这个原则。土壤过于潮湿不仅会让植株衰弱，还会滋生病虫害。而过量施肥就和人吃得太撑一样，会让植株衰弱。如果发生了病虫害，就要暂时停止施肥。

充分利用共生植物

和蔬菜种在一起且有益于蔬菜生长的植物被称为共生植物。番茄和罗勒、金盏菊是共生植物，黄瓜和葱也是，一起种植都能防治病虫害。这是我在实践中确认过的。但是，不要过于夸大其效果。有许多关于共生植物的书，可以参考一下。

处理发生过病虫害的土壤

发生过病虫害的土壤中可能残留病原菌或害虫卵，所以需要对土壤进行杀菌消毒。用45升透明塑料袋装10升土壤，让土壤稍微湿润一些后封闭塑料袋。把塑料袋放在阳光直射的地方1周，让袋内温度达到50~60摄氏度，这样就可以杀菌消毒了。消毒的这1周内，时不时翻动袋中土壤，这样能让阳光照射均匀。

喷洒药剂是最后的办法

尽量打造不容易发生病虫害的环境。如果不改善环境，病虫害会反复出现。使用农药前一定要弄明白病虫害出现的原因，消除这个原因是第一要务。如果无法解决，可以考虑种植其他蔬菜。

【防寒对策】

　　如果想在冬季种植蔬菜，那就一定要费些功夫。可以将花盆放在比较温暖的地方，利用温室效应种植蔬菜。

不要让蔬菜遭受霜害

　　蔬菜遭受霜害后，生长速度就会变慢，蔬菜叶子也会受冷。一般冬季用花盆种植蔬菜时，白天要将花盆搬到屋外照射阳光，夜间搬进室内免受霜害。

　　但菠菜等蔬菜经过霜冻反而更好吃。

用无纺布保温

　　推荐用无纺布来抵抗轻度霜害或寒风。在叶菜上方直接覆盖无纺布就有效果，不仅可以防霜害，还可以保持地温。不过无纺布会遮挡阳光，其实不适合在培育蔬菜时应用。

用防寒纱御寒

用防寒纱和支架组成套装。在花盆上覆盖防寒纱可以做成简易温室。这样一来，即使在冬季，也可以种植蔬菜。最高温度在 15 摄氏度以下时，可以覆盖防寒纱；但如果温度超过 15 摄氏度，覆盖防寒纱就会闷热，不利于蔬菜生长。所以如果气温超过 15 摄氏度，可以在白天将防寒纱打开一个缝通风换气，在傍晚再合上这个缝。

充分利用黑色花盆

太阳照射黑色花盆会让花盆升温，这样土壤的温度就会上升。气温对植物来说是很重要的，对冬季蔬菜而言更加重要。不过，夏季温度上升太快，不推荐在夏季使用黑色花盆。

搭建迷你温室

迷你温室组装板在一般网店就可以买到。建迷你温室是冬季培育畏寒蔬菜的一个方法。再狭小的空间也能搭建迷你温室。如果有迷你温室，那就一年四季都能吃到嫩菜，还可以尝试培育夏季菜苗。

防寒纱

迷你温室

第十五课

既可以当作装饰又可以食用的花朵

不知各位读者是否听说过食用花朵。法餐中的沙拉常会添加既增色又可以食用的花朵。这种花朵不仅可以用于制成各种美食，在培育的过程中也是可以欣赏的风景。

春夏秋冬的食用花朵

春季到夏季推荐种植蓝猪耳。蓝猪耳春季开花，不畏夏季酷热，一直到秋季都可以绽放。而秋季到冬季可以种植堇菜。堇菜十一二月开花，一直绽放到第二年的五六月。

蓝猪耳和堇菜都是很受欢迎的食用花，色彩艳丽，能为饭菜增色。不过，店里贩卖的花苗一般是不可食用的品种，所以如果想吃花，还要从种子开始培育，或是购买不带花和花芽的苗，之后长出来的花或花芽也可以食用。

金莲花

蓝猪耳

蓝猪耳点心

堇菜

选购花苗时，最需要注意的就是根的状态。白根多的花苗是好苗。但是在店里也不能把花苗从花盆中拔出观察根的状态。那么可以通过叶子来选苗，选择叶子没有发黄且很有朝气的，也可选择花和花芽较多的花苗。

好苗

坏苗

选 苗 的 诀 窍 ②

如果店里花苗摆放密集，花苗很容易闷热。选择在花苗摆放有一定空隙的店里购买。

好陈列

容易闷热的陈列

花一点时间定植

为了不让植株闷热，蓝猪耳间隔要超过 10 厘米。堇菜在凉爽的季节定植，植株间隔数厘米即可。冬季开花时，黄色或橙色的花苗比白色的花苗更好。蓝猪耳、堇菜虽然都可以和同一时节的草花混栽，但是更推荐和耐热性、耐寒性强的蔬菜混栽，比如叶生菜或芹菜。定植后，用树皮堆肥完全覆盖土壤表面，不仅能增强保湿性，还可以促进植物生长。

堇菜和叶生菜

堇菜和芹菜

病虫害防治

花盆下可以垫砖头来改善通风性。浇水过多容易出现蛞蝓，所以一定要等到土壤表面干燥后再充分浇水。土壤干燥时，新鲜的空气就能进入土壤，根就可以吸收氧气。对根系来说，营养、水和氧气同样重要。如果出现蚜虫，可以用水冲掉。

有时追肥会引发病虫害，所以一旦出现病虫害，要立刻暂停追肥。

花势不好时，见效较快的方法是施用液肥。生长旺盛的植株往往由于拥挤而闷热枯萎，所以要大胆地修剪掉一半左右的植株，这样可以改善通风性，不久就能欣赏到美丽的花朵了。

回剪①

回剪②

回剪③

采收时要将所有花摘下，这样下次所有花可以一起开，就可以一次收获许多花。食用花不吃时，也要摘掉，不然留下的花就会结籽，植株就会衰弱。

蓝猪耳采收前

蓝猪耳采收后，摘花可以促进下次开花

推荐的其他 食用花

金鱼草花…立体感极强，十分可爱。
西葫芦花…黄色，含水量高。
百日草……味道与菊花相似，微苦。
三色堇……有许多颜色，可以装点沙拉。
琉璃苣……搭配沙拉食用。
秋葵花……花瓣有黏液，味道与秋葵相似。

三色堇和堇菜有许多种颜色

即使在酷热的夏季，三色堇也生气勃勃，既可以观赏又可以品尝

金莲花采收前

金莲花采收后

第十六课

初学者也能做的手工花架

做一个高效利用阳光的花架

为了充分利用阳台的阳光，需要做一个花架。花架被广泛应用在庭院露台。花架可以购买，也可以自己按照阳台或花盆的尺寸制作。可以按照自己的喜好给手工花架涂漆，起到防腐作用。

木制花架的制作方法

从正面看

从侧面看

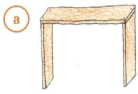

❶ 事先量好摆放位置、花盆等的尺寸，再决定花架尺寸。

❷ 准备好 35 毫米 ×85 毫米木板，最好是杉木板等容易买到的木材。

❸ 用木板打造图 ⓐ。如果木板厚，可用木插销固定，如果板厚不足 15 毫米，可以使用 L 型金属固定。

 L 型金属

❹ 如图 ⓑ 所示，将两个 ⓐ 合二为一，打造下部的角（如果只有一个 ⓐ，这步可省略）。

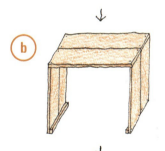

❺ 将 ⓒ 图所示的斜侧板，用木插销固定在 ⓑ 上。

❻ 如图 ⓓ 所示，打造可以托起木板的角，将木板架上去就完成了。

更为节省空间的花架

比较推荐的样式是多层花架。除了桐木制作的，还有柏木或杉木制作的。桐木加工起来简单，但强度不够。我比较推荐柏木或杉木制作的，在购物中心或网店都能买到。

三角形

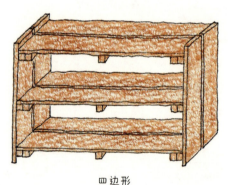

四边形

注意事项

有小孩子的家庭需要注意，孩子可能会踩着花架从阳台坠落，所以不要使用。

多层花架制作方法

三角形

ⓐ

❶ 事先量好摆放位置、花盆等的尺寸，再决定花架尺寸。

❷ 如图ⓐ，准备 2 个隔板。

ⓑ

❸ 如图ⓑ所示，在隔板的中间撤掉两个木板。外侧留下来的木条用木插销固定。

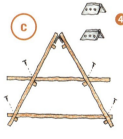

ⓒ

❹ 如图ⓒ所示，三角形花架的顶部用 L 型金属固定。把从隔板上撤下来的木板作为隔层使用，用木插销固定。

ⓓ

四边形

ⓐ

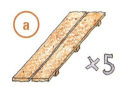

×5

❶ 事先量好摆放位置、花盆等的尺寸，再决定花架尺寸。

❷ 如图ⓐ，准备 5 个隔板。

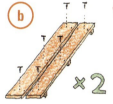

ⓑ

×2

❸ 如图ⓑ所示，将两个隔板用木插销固定，这是侧板。

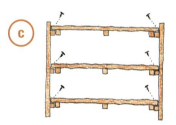

ⓒ

❹ 如图ⓒ所示，剩下三个隔板作为隔层，架在侧板上，用木插销固定。

ⓓ

❺ 完成。

第十七课

台风防范对策

经常有读者问，在公寓进行花盆种植时，如何防范台风。

防患于未然

在听到天气预报报道台风要经过自己所居住的区域时，要如何保护我们精心管理的植物呢？这是一个值得思考的问题。特别是公寓中的花盆，一定要做好防范台风的准备。一般从台风接近到处于暴风中心要一天的时间。事先做好准备才能安心。

将花盆移到室内

最简单的方法就是将花盆移到室内庇护。事先可以少浇水，减轻花盆重量，这样即使是体力较弱的人，也可以轻易搬动。有些花盆架有轮子，更方便移动。

但是，将花盆移到室内可能会弄脏地板，

这时可以使用塑料垫布，如图所示可以轻松折叠。

　　这样就不用担心土撒得到处都是了。台风过后再把花盆搬回阳台，充分浇水。

塑料垫布

① 平铺。

② 将角捏住。

③ 将角折叠。

④ 用订书器固定。

⑤ 完成。

不移动花盆的方法

不移动花盆也可以防范台风。首先，将盆底垫的砖头撤去。然后充分浇水，这样可以增加花盆整体的重量，防止翻倒，也能防止叶子干燥。叶子遭受台风时，瞬间就会失去水分。最后，将所有花盆尽可能靠墙放在一处。

但是不要放在玻璃窗旁边。风大时，花盆会飞出去砸坏玻璃。将许多小花盆摆放在木制盒子中，这样就很难被吹动。

台风过后，可以将木盒翻过来变成花盆的装饰架，也可以将木盒做成自己想要的样子。

日常的使用方法

肥料

肥料

平时

台风时

┌─── **注意事项** ───┐

有孩子的家庭要注意，孩子可能会
踩在花架上摔倒。

第十八课

采收前的所有作业

下面我们来看看花盆种植的所有作业。虽然蔬菜种类各异，但蔬菜种植有共通的作业和注意事项。如果掌握了这些，就能顺利种植。

接下来按照填土、播种和定植、浇水、间苗、追肥、采收的顺序来说明。

1：填土

蔬菜种植要从往花盆中填入园艺专用土开始。好的土壤才能孕育好的蔬菜。

大多数人都会使用浮岩作为盆底石。不过在更新土壤时就必须将土和浮岩分离。为了省事，我使用赤玉土做盆底石。赤玉土与土壤混合也没有问题。另外，也可以把盆底石装入网兜使用。厨房使用的水槽网兜就可以。

一般花盆

步骤 1 放入盆底石（大粒赤玉土），使其到达花盆高度 1/5 位置。

步骤 2 倒入园艺专用土，使其到达花盆高度 9/10 位置。

步骤 3 充分浇水，直到水从盆底孔流出。

网格花盆

步骤 1 因为排水性和通气性都很好，所以不需要盆底石。如果想加入盆底石，将盆底盖住即可。

步骤 2 倒入园艺专用土，使其到达花盆高度 9/10 位置。

步骤 3 充分浇水，直到水从盆底孔流出。

这里是关键 ▶ 花盆下一定要垫砖头或木头，这样不仅可以改善通气性和排水性，还可以在地面温度较高时隔绝热度。

2 播种和定植

蔬菜顺利生长的关键就是播种和定植。所以要认真操作。花盆播种分为条播、点播、散播三种方法。

条播

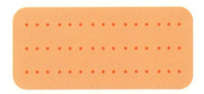

挖 1 厘米深的直沟，间隔一定距离播种。间苗和培土作业都很简单。

| 步骤 1 | 用支架等在表面平整潮湿的土壤上开一个 1 厘米深的沟。 |

| 步骤 2 | 间隔 1~2 厘米播种。用拇指和食指一粒一粒播种。 |

| 步骤 3 | 用拇指和食指将沟两侧的土撒在种子上，压实。 |

| 步骤 4 | 在播种前就将土壤充分润湿。播种后轻轻浇水，不要把种子冲跑。 |

| 步骤 5 | 发芽前不要让土壤表面干燥，可以用报纸覆盖土壤表面保湿。 |

| 步骤 6 | 一发芽就要将报纸掀掉，注意不要太晚掀掉。 |

点播

间隔一定距离在一个地方播撒数粒种子。适合大型植株和生长发育时间长的蔬菜（迷你萝卜）。

步骤 1　在表面平整湿润的土壤上，开直径为 3 厘米、深 1 厘米的播种穴。播种穴的间距根据蔬菜品种来定，一般为 10 ~ 15 厘米。用瓶盖开播种穴十分便利。

步骤 2　一个播种穴撒入 3 ~ 5 粒种子。

步骤 3　捏两撮土覆盖在种子上，用手轻压。

步骤 4　在播种前就将土壤充分润湿。播种后轻轻浇水，不要把种子冲跑。

步骤 5　发芽前不要让土壤表面干燥，可以用报纸覆盖土壤表面保湿。

步骤 6　一发芽就要将报纸掀掉，注意不要太晚掀掉。

点播

条播

散播

这是在花盆中到处撒种子的播种方法。适合想要采收间苗下来的嫩菜（苦菊等）的人。播种作业简单，不过之后的间苗和追肥比较复杂。

步骤 1 平整潮湿的土壤。

步骤 2 在花盆中到处播种，种子间隔 1~2 厘米为宜。播种作业比较随意。

步骤 3 在种子上覆盖一层土，直到看不见种子为宜。小心整理，之后用手掌轻压。

步骤 4 在播种前就将土壤充分润湿。播种后轻轻浇水，不要把种子冲跑。

步骤 5 发芽前不要让土壤表面干燥，可以用报纸覆盖土壤表面保湿。

步骤 6 一发芽就要将报纸掀掉，注意不要太晚掀掉。

间苗收获开始

发芽后

育苗盆播种

不要在花盆中直接播种，而要用育苗盆培育菜苗。等菜苗长到一定程度，再移植到花盆中。

步骤 1	倒入园艺专用土，使其到达育苗盆高度 9/10 的位置。
步骤 2	充分浇水润湿土壤，直到水从育苗盆底流出。
步骤 3	一个育苗盆中播 4~5 粒种子。
步骤 4	在种子上覆盖一层土，直到看不见种子为宜。小心整理，之后用手掌轻压。
步骤 5	在播种前就将土壤充分润湿。播种后轻轻浇水，不要把种子冲跑。
步骤 6	不要将育苗盆直接放在地面上，而是把它放入育苗盒中并保持底部悬空。
步骤 7	发芽前不要让土壤表面干燥，可以用报纸覆盖土壤表面保湿。
步骤 8	一发芽就要将报纸掀掉，注意不要太晚掀掉。

诀窍

播种前后的基本要点

要点 1

在播种前要充分润湿土壤。

要点 2

不要让土壤表面干燥。

要点 3

浇水过多会导致种子无法呼吸进而不发芽。所以在土壤还湿润时不要浇水。

要点 4

多数蔬菜的发芽温度在 20~25 摄氏度。夏季蔬菜在 30 摄氏度也可发芽。

要点 5

发芽不需要阳光，在室内也可以发芽。

要点 6

发芽后就需要阳光了。

要点 7

容易被害虫啃食的蔬菜要提前架好防虫网。

3 · 浇水

花盆种植不可缺水。水不能浇多，也不能浇少。

要点 1　土壤表面不干就不浇水

土壤过度潮湿，空气中的氧气就无法进入土壤，根系就无法呼吸。土壤持续潮湿会导致根腐病。

土壤表面干燥之后才需要浇水

要点 2　充分浇水直到水从盆底流出为止

在给植株提供水分的同时，也可以将土壤中根系排出的废物和二氧化碳等冲走。

要点 3　不同季节的浇水时间也不同

春夏季要在早上浇水，如果不够可以晚上再浇一次。秋冬季在上午 10—12 点浇水，这时比较温暖。

出门 2~3 周如何浇水

将花盆放入盒子中，在盒子中倒水，直到没过花盆高度 3/4。水不要过多，不然会导致根腐病。

4 间苗

一发芽就要开始间苗。如果培育得好，间苗下来的嫩菜也十分美味。

> ### 第一次间苗

第一次间苗在播种后 7~10 日，子叶展开就可以间苗了。留下子叶肥大、茎粗的苗。间苗后，苗与苗的间隔以叶子刚刚触碰（2~3 厘米）为宜。

> ### 第二次间苗

第二次间苗在展开 2~3 片真叶后，用剪刀间苗。如果菜苗不稳，可以在植株两侧培土。不过散播时就不要培土了。

> ### 第三次间苗

第三次间苗是最后一次间苗，要拉开间距。

间苗前 ▶ 间苗时 ▶ 间苗后

5 : 追肥

追肥指在培育过程中为蔬菜提供所需的营养。花盆种植时一般会使用事先混有底肥的园艺专用土，不需要额外使用底肥，因此追肥就很重要。

有机肥

推荐施用粉状发酵油渣。这是一种见效快且没有异味的有机肥。

施用方法：撒在土壤表面后，在其上覆盖树皮堆肥。

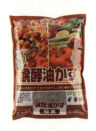

化肥

推荐使用氮、磷、钾占比都为8%的化肥。

施用方法：在植物基部施用适量的化肥。

缓释肥

缓释肥一般被加工成可以缓慢释放肥力的颗粒状。要在播种和定植前，把缓释肥埋入土壤中。

施用方法：在定植前将中粒缓释肥混入土壤中，没有追肥的必要，推荐和液肥一起施用。

液肥

有的液肥需要稀释，有的可以直接使用。不管哪种，都是即时见效。

施用方法: 7~10日施用一回，施液肥可以代替浇水。

颗粒肥

颗粒肥会随着浇水慢慢渗透到土壤中。

施用方法: 按说明书追肥。不是仅仅放置即可，压入土壤中更有效果。

6 ⋮ 收获

蔬菜的采收方式有摘叶、挖根等许多种。为了吃到新鲜的蔬菜，采收的时机非常重要。

 采收要点 1 在晴天的上午采收。夏季在清晨采收。

 采收要点 2 采收后原则上要保持其新鲜度。

叶生菜

第138页

芹菜

第140页

罗勒

第142页

韭菜

第144页

花盆种植
推荐蔬菜的培育方法

介绍初学者也能简单种植的方法。迷你萝卜和水萝卜等根菜类也可以用花盆培育。

苦菊

第146页

九条葱

第148页

西芹

第150页

空心菜

第152页

西蓝花

第154页

小松菜

第162页

秋葵

第170页

白菜

第156页

小番茄

第164页

茄子

第172页

甘蓝

第158页

柿子椒

第166页

迷你萝卜

第174页

青梗菜

第160页

黄瓜

第168页

水萝卜

第176页

花盆种植蔬菜年表（叶菜类）

		3月	4月	5月	6月
叶生菜	●播种	最适期			
	●定植		最适期	最适期	
	●收获				
芹菜	●定植		最适期	最适期	
	●收获				
罗勒	●播种			最适期	最适期
	●定植				最适期
	●收获				
韭菜	●定植		最适期		
	●收获				
苦菊	●播种		最适期	最适期	
	●收获				
九条葱	●定植				
	●收获				
西芹	●定植		最适期	最适期	
	●收获				
空心菜	●播种			最适期	
	●收获				
西蓝花	●定植				3月定植▼
	●收获		◀9月定植		
白菜	●定植				3月定植▼
	●收获				
甘蓝	●定植				
	●收获			春甘蓝	
青梗菜	●播种	也可以春季播种，但害虫太多。			
	●收获				
小松菜	●播种	也可以春季播种，但害虫太多。			
	●收获				

7月	8月	9月	10月	11月	12月	1月	2月
		最适期					
		最适期					
		最适期					
		最适期					
		最适期					
		最适期					
		最适期					
		最适期			9月定植 ▼		
		最适期			9月定植 ▼		
		最适期		春甘蓝			
					冬甘蓝		
	不推荐	最适期					
	不推荐	最适期					

花盆种植蔬菜年表（果菜类）

		3月	4月	5月	6月
小番茄	●播种	最适期			
小番茄	●定植			最适期	
小番茄	●收获				
柿子椒	●定植			最适期	
柿子椒	●收获				
黄瓜	●定植			最适期	
黄瓜	●收获				
秋葵	●定植			最适期	
秋葵	●收获				
茄子	●定植			最适期	
茄子	●收获				

花盆种植蔬菜年表（根菜类）

		3月	4月	5月	6月
迷你萝卜	●播种	也可以春季播种，但害虫太多。			
迷你萝卜	●收获				▬
水萝卜	●播种	也可以春季播种，但害虫太多。			
水萝卜	●收获				▬

7月	8月	9月	10月	11月	12月	1月	2月

7月	8月	9月	10月	11月	12月	1月	2月
不推荐		最适期					
不推荐		最适期					

01 叶菜类 叶生菜

菊科

种植日历

● 播种 ● 定植 ● 收获（含收获间苗）

3月	4月	5月	6月	7月	8月	9月	10月	11月	12月	1月	2月

推荐花盆尺寸

虽然大型花盆也可以种植，但普通花盆就足够了。

特征

悬挂的叶生菜

叶生菜包括不结球生菜和绿色叶或铜色叶品种。叶生菜耐寒性和耐热性强，种植简单，而且病虫害较少。可以不间断采收，十分便利。

1 〉定植

① 用盆底石或赤玉土覆盖花盆底部，再填入园艺专用土至高度的 9/10 位置。

② 充分浇水直到水从盆底流出。

③ 平整土壤表面，挖三个 5~6 厘米深的种植穴。

④ 直径为 30 厘米的圆形花盆可以定植三棵苗。将三棵苗定植在靠近盆边的位置，把中心部分空出来，这样菜苗才能长大。

⑤ 定植菜苗后，要轻轻浇水。之后，为了增强保湿性，在土壤表面覆盖树皮堆肥。

⑥ 也可以用花篮悬空种植叶生菜。

{ 其他注意事项 }

霜降之后，要在夜间将花盆搬入玄关，避免霜冻。要等土壤表面干燥后再充分浇水，直到水从盆底流出为止。土壤长期处于潮湿状态，是暴发蛞蝓的主要原因。在花盆下垫砖头，可以保持盆底干燥，防治蛞蝓。叶子上出现蚜虫后要用水冲掉。

2 〉收获　追肥

① 收获

定植 2~3 周后，叶子就会长大，从外面一层叶子开始采收。留 4~5 片叶子即可。采收后一定要追肥。即使不吃，也不要放任不管，要不断采收外面一层叶子。这种刺激可以强化植株的耐热性和耐寒性，促进植株生长。

② 追肥

有机肥或化肥每 3 周追肥一次。

追肥的方法

◎ 有机肥（粉状发酵油渣）：在土壤表面呈玫瑰花状撒一层，然后在其上覆盖 3 厘米厚的树皮堆肥。

◎ 化肥：按照 1 升土壤对应 1 克化肥的量，在土壤表面呈玫瑰花状撒一层，用移植铲将化肥与土壤搅拌均匀。

◎ 液肥：每周施用一次，按照说明书的规定稀释。

③ 第三次间苗

第三次间苗是最后一次。间苗后要按上一个步骤追肥。

※ 如果土壤表面板结，就用移植铲翻耕 1~2 厘米深的土，改善通气性和排水性，植物才能更好地生长。

从外叶开始采收

02　叶菜类　芹 菜

伞形科

种植日历

●定植　●收获（含收获间苗）

3月	4月	5月	6月	7月	8月	9月	10月	11月	12月	1月	2月

推荐花盆尺寸

虽然大型花盆也可以种植，但普通花盆就足够了。

金凤蝶正在产卵

特征

芹菜的耐寒性和耐热性强，种植简单，病虫害较少。可以不间断采收，十分便利。在希腊罗马时代，芹菜被当作香辛料和药用植物，富含维生素和无机盐。它有清理血液的效果。芹菜很少发生虫害，所以可无农药种植。唯一可能发生的虫害是金凤蝶幼虫，发现后应立刻捕杀。

1 〉定植

① 用盆底石或赤玉土覆盖花盆底部，再填入园艺专用土至高度的 9/10 位置。

② 充分浇水直到水从盆底流出。

③ 直径为 20 厘米的花盆只种植一棵苗。芹菜可以从种子开始培育，不过伞形科植物发芽需要较长时间，初期生长发育较慢，推荐直接购买幼苗。

④ 平整土壤表面，挖 5~6 厘米深的种植穴。

⑤ 定植菜苗后，要轻轻浇水。之后，为了增强保湿性，在土壤表面覆盖树皮堆肥。叶阴下可以混栽其他植物。

西芹、叶生菜、葱、青紫苏的混合栽种

{ **其他注意事项** }

霜降之后，要在夜间将花盆搬入玄关，避免霜冻。要等土壤表面干燥后再充分浇水，直到水从盆底流出为止。叶子上出现蚜虫后要用水冲掉。

2 〉收获　追肥

① 收获

定植 2~3 周后，叶子就会长大，从外面一层叶子开始采收。留 4~5 片叶子即可。采收后一定要追肥。即使不吃，也不要不管，要不断采收外面一层叶子。这种刺激可以强化植株的耐热性和耐寒性，促进植株生长。

芹菜可以切成段冷冻保存，也可以用来制作饮料，还可以干煎后用盐搅拌，搭配烤面包食用。

② 追肥

有机肥或化肥每 3 周追肥一次。

追肥的方法

◎ 有机肥或化肥每 3 周追肥一次。

◎ 有机肥（粉状发酵油渣）：在土壤表面呈玫瑰花状撒一层，然后在其上覆盖 3 厘米厚的树皮堆肥。

◎ 化肥：按照 1 升土壤对应 1 克化肥的量，在土壤表面呈玫瑰花状撒一层，用移植铲将化肥与土壤搅拌均匀。

◎ 液肥：每周施用一次，按照说明书的规定稀释。

※如果土壤表面板结，就用移植铲翻耕 1~2 厘米深的土，改善通气性和排水性，植物才能更好地生长。

采收芹菜

罗勒和番茄

抗虫害

03　叶菜类　　罗　勒

伞形科

种植日历

● 播种　● 定植　● 收获（含收获间苗）

3月	4月	5月	6月	7月	8月	9月	10月	11月	12月	1月	2月

推荐花盆尺寸

虽然大型花盆也可以种植，但普通花盆就足够了。小盆也很好，但推荐用裂口花盆。照片中是直径为 18 厘米的裂口花盆。

特征

罗勒是极受欢迎的香草苗。罗勒很少发生虫害，所以可以无农药种植。受意大利菜普及的影响，罗勒已经成为一种流行蔬菜，在超市卖得很贵。培育过程中，最重要的是不要让其坐花，否则会影响香气，看到花芽要及时摘掉。

1 〉定植

1. 用盆底石或赤玉土覆盖花盆底部，再填入园艺专用土至高度的9/10位置。

2. 充分浇水直到水从盆底流出为止。

3. 直径为20厘米的花盆只种植一棵苗。罗勒可以从种子开始培育，也可以从没有花芽的幼苗开始培育。为了给罗勒留有一定生长空间，长60厘米、宽20厘米的花盆中只定植4~6棵苗。用普通的园艺专用土即可，但需要确保排水性良好，所以一定要用盆底石覆盖花盆底。

4. 平整土壤表面，挖5~6厘米深的种植穴。

5. 定植菜苗后，要轻轻浇水。之后，为了增强保湿性，在土壤表面覆盖树皮堆肥。叶阴下可以混栽其他植物。

{ **其他注意事项** }

要等土壤表面干燥后再充分浇水，直到水从盆底流出为止。叶子上出现蚜虫后要用水冲掉。幼苗只有经过10摄氏度以下的低温，才容易发芽。

自制罗勒酱

2 〉收获　追肥

1. 收获

定植2周后就可以收获。叶和茎之间长出的腋芽一定要留下。用剪刀修剪茎。因为罗勒生长旺盛，所以可以放心大胆地修剪。如果只摘叶，植株就会长得很高，从而造成负担。所以，要将茎与叶一起采摘，让植株长期保持25厘米左右的高度。罗勒很少发生虫害，一旦发现要尽快清除被虫子啃食的叶子。

留下腋芽，只修剪茎

2. 追肥

有机肥或化肥每3周追肥一次。

追肥的方法

◎ 有机肥（粉状发酵油渣）：在土壤表面呈玫瑰花状撒一层，然后在其上覆盖3厘米厚的树皮堆肥。

◎ 化肥：按照1升土壤对应1克化肥的量，在土壤表面呈玫瑰花状撒一层，用移植铲将化肥与土壤搅拌均匀。

◎ 液肥：每周施用一次，按照说明书的规定稀释。

※如果土壤表面板结，就用移植铲翻耕1~2厘米深的土，改善通气性和排水性，植物才能更好地生长。

抗虫害

04 叶菜类 **韭 菜**

百合科

种植日历

●定植 ●收获（含收获间苗）

3月	4月	5月	6月	7月	8月	9月	10月	11月	12月	1月	2月

推荐花盆尺寸

虽然大型花盆也可以种植，但普通花盆就足够了。小盆也很好，推荐用裂口花盆。

特征

韭菜原产于中国，常被食用的部分是有独特香气的叶子，富含钙、维生素、胡萝卜素等营养物质。韭菜的香气是由一种被称为蒜素的物质发出的，该物质可以促进维生素 B 的吸收。可以将韭菜和维生素 B 含量丰富的动物肝脏搭配食用。因为很少发生虫害，所以可以无农药种植。

1 〉 定植

1. 用盆底石或赤玉土覆盖花盆底部，再填入园艺专用土至高度的 9/10 位置。

2. 充分浇水直到水从盆底流出。

3. 直径为 20 厘米的花盆只种植一棵苗。让植株积累半年营养，这半年不要采摘。然后就可以实现连续采收了。

4. 平整土壤表面，挖 5~6 厘米深的种植穴。

5. 定植菜苗后，要轻轻浇水。之后，为了增强保湿性，在土壤表面覆盖树皮堆肥。叶阴下可以混栽其他植物。

割韭菜

{ **其他注意事项** }

要等土壤表面干燥后再充分浇水，直到水从盆底流出为止。

2 〉 收获　追肥

1. 收获

夏季长出的花芽一定要清除，否则植株就会衰弱。植株高度超过 25 厘米时，底部留下 2~3 厘米，其他全部采割。韭菜嫩的时候非常好吃。高温期的韭菜叶很硬，不过可以连续采割。

虽然定植后可数年不断收割，不过最好还是每两年挖出来一次，分株后再定植。韭菜不易出现虫害，不过一旦发现要尽快清除被虫子啃食的叶子。

2. 追肥

有机肥或化肥每 3 周追肥一次。

追肥的方法

◎ 有机肥（粉状发酵油渣）：在土壤表面呈玫瑰花状撒一层，然后在其上覆盖 3 厘米厚的树皮堆肥。

◎ 化肥：按照 1 升土壤对应 1 克化肥的量，在土壤表面呈玫瑰花状撒一层，用移植铲将化肥与土壤搅拌均匀。

◎ 液肥：每周施用一次，按照说明书的规定稀释。

※ 如果土壤表面板结，就用移植铲翻耕 1~2 厘米深的土，改善通气性和排水性，植物才能更好地生长。

可连续割韭菜

05 叶菜类 苦菊

菊科

种植日历

●播种 ●收获（含收获间苗）

3月	4月	5月	6月	7月	8月	9月	10月	11月	12月	1月	2月

推荐花盆尺寸

虽然大型花盆也可以种植，但普通花盆就足够了。

特征

播种10日后发芽。准备几个小花盆，每隔2周按顺序在每个花盆中播种，可以长时间不间断收割。菊科植物不容易招虫害，可以无农药种植。培育到最后会开出黄色的小菊花，可以作为插花欣赏。

146

1 〉定植

播种 7～10 日后就会发芽。

❶ 填入园艺专用土至高度的 9/10 处。

❷ 充分浇水直到水从盆底流出为止。

❸ 平整土壤表面，用支架或竹签挖两条 1 厘米深的种植沟。

❹ 间隔 1 厘米播种。用拇指和食指一粒一粒播种。

❺ 用拇指和食指捏着沟两侧的土壤将种子盖上，用手掌轻压。

❻ 轻轻浇水，不要把种子冲跑。播种前就要将土壤润湿。

❼ 为了发芽前土壤不干燥，可以在上面铺一层报纸。

❽ 一些种子发芽后就将报纸揭开，不要揭迟了。不需要用防虫网，叶子上出现蚜虫后要用水冲掉。

2 〉间苗　追肥

❶ 第一次间苗
子叶展开后开始间苗。留下子叶大、茎粗的幼苗。间隔距离以叶子刚好碰触为宜。

间苗

❷ 第二次间苗
展开 3～4 片真叶后开始第二次间苗。

追肥的方法

◎ 有机肥（粉状发酵油渣）：在土壤表面呈玫瑰花状撒一层，然后在其上覆盖 3 厘米厚的树皮堆肥。

◎ 化肥：按照 1 升土壤对应 1 克化肥的量，在土壤表面呈玫瑰花状撒一层，用移植铲将化肥与土壤搅拌均匀。

◎ 只用液肥：每周施用一次，按照说明书的规定稀释。

❸ 第三次间苗
第三次间苗是最后一次。间苗后要如上个步骤追肥。

※ 如果土壤表面板结，就用移植铲翻耕 1～2 厘米深的土，改善通气性和排水性，植物才能更好地生长。

3 〉收获

当植株长到 15 厘米以上时，按顺序采收，留下下部 4～5 片叶子。然后当植株再次长到 15 厘米时，和前次一样留下下部 4～5 片叶子，连同茎一起按顺序采收。如此反复，可以采收数次。采收后一定要追肥。

留下下部 4～5 片叶子，连同茎一起采收

06 叶菜类 **九条葱**

百合科

种植日历

● 定植　● 收获（含收获间苗）

3月	4月	5月	6月	7月	8月	9月	10月	11月	12月	1月	2月

推荐花盆尺寸

想要葱白长一些，就用深盆。想要葱叶长一些，就用浅盆。

特征

进入秋季后，在购物中心或是园艺商店销售蔬菜苗的地方，总能看到干巴巴的、成束的植物。它其实是从种子开始培育的，然后连根拔起，经过1个月干燥才得到的。在日本关西地区，这种植物被称为九条葱。它很少发生病虫害，是非常容易培育的蔬菜。

1 〉定植

❶ 用盆底石或赤玉土覆盖花盆底部，再填入园艺专用土至一半的高度。

❷ 买入干葱苗，上部叶子留 10 厘米，其余切掉，间隔 5 厘米定植，然后浇水。

定植葱苗的时候，土壤只到花盆一半的高度

❸ 定植 2 周后，葱开始生长，在土壤表面呈玫瑰花状撒粉状发酵油渣，在其上覆盖 3 厘米厚的树皮堆肥。

定植2周后

❹ 定植 1 个月后，在土壤表面呈玫瑰花状撒粉状发酵油渣，在其上覆盖 3 厘米厚的树皮堆肥。

❺ 每 2 周重复步骤❹。

❻ 如果想让葱白多一些，就要不断加厚树皮堆肥。堆肥最终达到花盆高度的 9/10 位置。

2 〉追肥

每 2~3 周施用一次化肥。

追肥的方法

◎ 化肥：按照 1 升土壤对应 1 克化肥的量，在土壤表面呈玫瑰花状撒一层，然后在其上覆盖 3 厘米厚的树皮堆肥。堆肥最终达到花盆高度的 9/10 位置。

◎ 液肥：每周施用一次，按照说明书的规定稀释。每 2~3 周覆盖 3 厘米厚的树皮堆肥。堆肥最终到达花盆高度的 9/10 位置。

※如果土壤表面板结，就用移植铲翻耕 1~2 厘米深的土，改善通气性和排水性，植物才能更好地生长。

3 〉收获

从 12 月开始采收。将葱连根拔起也可以，不过留下 2~3 厘米可以让葱再次生长。要想让葱再次生长，就要每 2 周施用一次液肥，液肥在寒冷天气也能起效。

可以用来制作药膳

{ **其他注意事项** }

要等土壤表面干燥后再充分浇水，直到水从盆底流出为止。

07 叶菜类 西芹

伞形科

种植日历

●定植 ●收获（含收获间苗）

3月	4月	5月	6月	7月	8月	9月	10月	11月	12月	1月	2月

推荐花盆尺寸

虽然大型花盆也可以种植，但普通花盆就足够了。

金凤蝶产卵

特征

推荐从种子开始培育西芹。虫害少，耐寒性和耐暑性都很强，培育简单。这样培育的西芹没有超市里卖的那么大，切碎后能放在很多菜肴中，用来自制蔬菜汁也很清爽芳香。可以从外叶开始采收，能采收很长一段时间。

1 〉定植

❶ 用盆底石或赤玉土覆盖花盆底部，再填入园艺专用土至高度 9/10 的位置。

❷ 充分浇水直到水从盆底流出为止。

❸ 直径为 30 厘米的圆形花盆可以定植三棵苗。将三棵苗定植在靠近盆边的位置，把中心部分空出来，这样菜苗才能长大。

❹ 种植穴深 5~6 厘米。

❺ 定植菜苗后，要轻轻浇水。之后，为了增强保湿性，在土壤表面覆盖树皮堆肥。

三棵西芹

{ **其他注意事项** }

在霜降时节，要在夜间将花盆搬入玄关，避免霜冻。
要等土壤表面干燥后再充分浇水，直到水从盆底流出为止。出现金凤蝶幼虫后要及时捕杀。叶子上出现蚜虫后要用水冲掉。

2 〉收获 追肥

❶ 收获

定植 2~3 周后，叶子就会长大，从外面一层叶子开始采收，留 4~5 片叶子即可。采收后一定要追肥。即使不吃，也不要不管，要不断采收外面一层叶子。这种刺激可以强化植株的耐热性和耐寒性，促进植株生长。

❷ 追肥

有机肥或化肥每 3 周追肥一次。

追肥的方法

◎ 有机肥（粉状发酵油渣）：在土壤表面呈玫瑰花状撒一层，然后在其上覆盖 3 厘米厚的树皮堆肥。

◎ 化肥：按照 1 升土壤对应 1 克化肥的量，在土壤表面呈玫瑰花状撒一层，用移植铲将化肥与土壤搅拌均匀。

◎ 液肥：每周施用一次，按照说明书的规定稀释。

---

❸ 第三次间苗

第三次间苗是最后一次。间苗后要如步骤❷追肥。

※ 如果土壤表面板结，就用移植铲翻耕 1~2 厘米深的土，改善通气性和排水性，植物才能更好地生长。

从外叶开始采收

08 叶菜类 空心菜

旋花科

种植日历

●播种 ●收获（含收获间苗）

3月	4月	5月	6月	7月	8月	9月	10月	11月	12月	1月	2月

推荐花盆尺寸

虽然大型花盆也可以种植，但普通花盆就足够了。

特征

金凤蝶产卵

空心菜一般以亚洲热带地区为种植中心，是一种藤蔓植物。很少发生虫害，耐热性强，生长旺盛，可以一直采收到10月份。营养价值高，富含胡萝卜素、维生素C和无机盐，尤其富含铁元素，有缓解疲劳的效果。

1 〉播种

最低气温高于 10 摄氏度时开始播种。

❶ 在花盆中填入园艺专用土至高度 9/10 的位置。

❷ 充分浇水直到水从盆底流出。

❸ 平整土壤表面，用支架或角材挖两条 1 厘米深的种植沟。

❹ 间隔 1 厘米播种。用拇指和食指一粒一粒播种。

❺ 用拇指和食指捏着沟两侧的土壤将种子盖上，用手掌轻压。

❻ 轻轻浇水，不要把种子冲跑。播种前就要将土壤润湿。

❼ 为了发芽前土壤不干燥，可以在上面铺一层报纸。

❽ 一些种子发芽后就将报纸揭下，不要揭迟了。不需要防虫网。

2 〉间苗　追肥　浇水

❶ 不需要间苗

从种子开始培育时，如果间隔 1 厘米播种，就不需要间苗。从菜苗开始培育时，菜苗最好相互接触。茎不粗的话可以密植，像豆芽一样培育。茎太粗的话，即使充分浇水，也会纤维化，很难下咽。植株间隔 2~3 厘米，茎就不会变得太粗。

❷ 追肥

播种 2 周或者定植 1 周之后，就可以追肥。有机肥和化肥要每 3 周施用一次。

追肥的方法

◎ 有机肥（粉状发酵油渣）：在土壤表面呈玫瑰花状撒一层，然后在其上覆盖 3 厘米厚的树皮堆肥。

◎ 化肥：按照 1 升土壤对应 1 克化肥的量，在土壤表面呈玫瑰花状撒一层，用移植铲将化肥与土壤搅拌均匀。

◎ 液肥：每周施用一次，按照说明书的规定稀释。

❸ 浇水

不要过于频繁地浇水。浇水适量的话，植株成长速度很快，还可以采收柔软的嫩叶。缺水的话，叶子会变硬。

※ 如果土壤表面板结，就用移植铲翻耕 1~2 厘米深的土，改善通气性和排水性，植物才能更好地生长。

3 〉收获和烹饪

当植株长到 20 厘米以上，收割上面的部分，留下 10 厘米左右。夏季，收割 2 周后可以再次收割。如此反复，可以收割数次。收割后一定要追肥。

推荐将空心菜和大蒜一起炒，虽然烹饪方法简单，但十分爽口

顶花蕾

09　叶菜类　西蓝花

十字花科

种植日历

●定植　●收获（含收获间苗）

3月	4月	5月	6月	7月	8月	9月	10月	11月	12月	1月	2月

◀9月定植　◀3月定植　　　　　▼9月定植

3月定植的只有顶花蕾，9月定植的是顶花蕾及侧花蕾。

推荐花盆尺寸

培育时需要较多土壤，所以要使用深盆。同时使用配套的防虫网。

特征

家庭菜园和农田不同，不只采收顶花蕾。让侧花蕾生长的话，春季就可以采收许多小的西蓝花。但是，要想采收侧花蕾，就必须9月定植。

1 〉定植

1 用盆底石或赤玉土覆盖花盆底部，在花盆中填入园艺专用土至高度9/10的位置。

2 充分浇水直到水从盆底流出。

3 在直径为50～60厘米的花盆中，定植两棵菜苗。可以在收获顶花蕾后，种植侧花蕾多的品种。

· 定植穴间隔30厘米，直径为10厘米，深5～6厘米。

· 肥料穴可以开在植株中间，直径为10厘米，深10厘米。

4 往定植穴里浇水。等水渗透后再定植。在肥料穴中撒入两把粉状发酵油渣和树皮堆肥的等比例混合肥。如果没有粉状发酵油渣，可以用粒状发酵油渣代替。

5 在土壤表面覆盖3厘米厚的树皮堆肥，然后充分浇水。

6 架防虫网。

西蓝花苗定植 1 个月后

架防虫网

2 〉追肥

有机肥和化肥要每2～3周施用一次。

追肥的方法

◎ 有机肥（粉状发酵油渣）：在土壤表面呈玫瑰花状撒一层，然后在其上覆盖3厘米厚的树皮堆肥。

◎ 化肥：按照1升土壤对应1克化肥的量，在土壤表面呈玫瑰花状撒一层，然后在其上覆盖3厘米厚的树皮堆肥。

◎ 液肥：每周施用一次，按照说明书的规定稀释。每2～3周覆盖3厘米厚的树皮堆肥。

※如果土壤表面板结，就用移植铲翻耕1～2厘米深的土，改善通气性和排水性，植物才能更好地生长。

3 〉收获

比平时买到的西蓝花小一些，早一些采收顶花蕾，植株就不易衰弱。清理下部黄叶，保持通风良好。在采收顶花蕾前要一直架着防虫网，不过12月到次年3月不需要防虫网。

不断有侧花蕾长成

{ **其他注意事项** }

要等土壤表面干燥后再充分浇水，直到水从盆底流出为止。侧花蕾采收后，要继续追肥。害虫会吃叶子，一定要当心。

10 | 叶菜类 | 白 菜

十字花科

种植日历

● 定植 ● 收获（含收获间苗）

3月	4月	5月	6月	7月	8月	9月	10月	11月	12月	1月	2月

◀3月定植

▲
9月定植

推荐花盆尺寸

培育时需要较多土壤，所以要使用深盆。同时使用配套的防虫网。

特　征

白菜最初进入日本时都是白芯的品种。日本后来也出现黄芯和橙芯的品种。它富含维生素C、无机盐、膳食纤维。可以涮、炒、腌渍等，广泛用于烹饪中。

1 〉 定植

❶ 用盆底石或赤玉土覆盖花盆底部，在花盆中填入园艺专用土至高度9/10的位置。

❷ 充分浇水直到水从盆底流出。

❸ 在直径为50~60厘米的花盆中，定植两棵菜苗。推荐选择生长快的早熟种或极早熟种。

· 定植穴间隔30厘米，直径为10厘米，深5~6厘米。

· 肥料穴可以开在植株中间，直径为10厘米，深10厘米。

❹ 往定植穴里浇水。等水渗透后再定植。在肥料穴中撒入两把粉状发酵油渣和树皮堆肥等比例的混合肥。如果没有粉状发酵油渣，可以用粒状发酵油渣代替。

❺ 在土壤表面覆盖3厘米厚的树皮堆肥，然后充分浇水。

❻ 架防虫网。

架防虫网

用绳子将白菜捆住可以御寒

2 〉 追肥

有机肥和化肥要每2~3周施用一次。

追肥的方法

◎ 有机肥（粉状发酵油渣）：在土壤表面呈玫瑰花状撒一层，然后在其上覆盖3厘米厚的树皮堆肥。

◎ 化肥：按照1升土壤对应1克化肥的量，在土壤表面呈玫瑰花状撒一层，然后在其上覆盖3厘米厚的树皮堆肥。

◎ 液肥：每周施用一次，按照说明书的规定稀释。每2~3周覆盖3厘米厚的树皮堆肥。

※ 如果土壤表面板结，就用移植铲翻耕1~2厘米深的土，改善通气性和排水性，植物才能更好地生长。

3 〉 收获

白菜结球较硬时就可以收获了。在收获前一直要架着防虫网。

结球完成就可以收获了

{ **其他注意事项** }

用外叶将白菜包住，可以御寒。要等土壤表面干燥后再充分浇水，直到水从盆底流出为止。

11　叶菜类　　甘 蓝

十字花科

种植日历

● 定植　● 收获（含收获间苗）

3月	4月	5月	6月	7月	8月	9月	10月	11月	12月	1月	2月

◀ 春甘蓝
◀ 春甘蓝
◀ 冬甘蓝

推荐花盆尺寸

培育时需要较多土壤，所以要使用深盆。同时使用配套的防虫网。

特 征

甘蓝容易暴发菜粉蝶，所以推荐9月定植，冬季收获。甘蓝富含维生素 C、维生素 U、钙元素等。无农药种植的甘蓝的硬外叶也可以食用，或者榨成蔬菜汁。

1 〉定植

❶ 用盆底石或赤玉土覆盖花盆底部，在花盆中填入园艺专用土至高度 9/10 的位置。

❷ 充分浇水直到水从盆底流出。

❸ 在直径为 50~60 厘米的花盆中，定植两棵菜苗。推荐选择生长快的早熟种或极早熟种。

· 定植穴间隔 30 厘米，直径为 10 厘米，深 5~6 厘米。

· 肥料穴可以开在植株中间，直径为 10 厘米，深 10 厘米。

❹ 往定植穴里浇水。等水渗透后再定植。在肥料穴中撒入两把粉状发酵油渣和树皮堆肥等比例的混合肥。如果没有粉状发酵油渣，可以用粒状发酵油渣代替。

❺ 在土壤表面覆盖 3 厘米厚的树皮堆肥，然后充分浇水。

❻ 架防虫网。

定植 1 个月后

架防虫网

2 〉追肥

有机肥和化肥要每 2~3 周施用一次。

追肥的方法

◎ 有机肥（粉状发酵油渣）：在土壤表面呈玫瑰花状撒一层，然后在其上覆盖 3 厘米厚的树皮堆肥。

◎ 化肥：按照 1 升土壤对应 1 克化肥的量，在土壤表面呈玫瑰花状撒一层，然后在其上覆盖 3 厘米厚的树皮堆肥。

◎ 液肥：每周施用一次，按照说明书的规定稀释。每 2~3 周覆盖 3 厘米厚的树皮堆肥。

※ 如果土壤表面板结，就用移植铲翻耕 1~2 厘米深的土，改善通气性和排水性，植物才能更好地生长。

3 〉收获

甘蓝结球较硬时就可以采收了。在采收前一直要架着防虫网。

结球完成

{ **其他注意事项** }

要等土壤表面干燥后再充分浇水，直到水从盆底流出为止。发现菜粉蝶时立刻捕杀。

12 叶菜类 青梗菜

十字花科

种植日历

●播种　●收获（含收获间苗）

3月	4月	5月	6月	7月	8月	9月	10月	11月	12月	1月	2月

虽然也可以在春天播种，但是因为害虫很多所以不太推荐。

推荐花盆尺寸

虽然大型花盆也可以种植，但普通花盆就足够了。

特征

播种1周后发芽。准备几个小花盆，每隔2周按顺序在每个花盆中播种，可以长时间不间断采收。想要尽快采收时，可以选择迷你青梗菜，它生长得非常快。

1 〉 播种　防虫

播种 1 周内就会发芽。

① 填入园艺专用土至高度 9/10 的位置。

② 充分浇水直到水从盆底流出。

③ 平整土壤表面，用支架或竹签挖两条 1 厘米深的种植沟。

④ 间隔 1 厘米播种。用拇指和食指一粒一粒播种。

用拇指和食指一粒一粒播种

⑤ 用拇指和食指捏着沟两侧的土壤将种子盖上，用手掌轻压。

⑥ 轻轻浇水，不要把种子冲跑。播种前就要将土壤润湿。

⑦ 为了发芽前土壤不干燥，可以在上面铺一层报纸。

⑧ 一些种子发芽后就将报纸揭下，不要揭迟了。之后要架上防虫网。

2 〉 间苗　追肥

① 第一次间苗

子叶展开后开始间苗。留下子叶大、茎粗的幼苗。间隔距离以叶子将将碰触为宜（2~3 厘米）。

② 第二次间苗

展开 3~4 片真叶后开始第二次间苗。

追肥的方法

◎ 有机肥（粉状发酵油渣）：在土壤表面呈玫瑰花状撒一层，然后在其上覆盖 3 厘米厚的树皮堆肥。

◎ 化肥：按照 1 升土壤对应 1 克化肥的量，在土壤表面呈玫瑰花状撒一层，用移植铲将化肥与土壤搅拌均匀。

◎ 液肥：每周施用一次，按照说明书的规定稀释。

③ 第三次间苗

第三次间苗是最后一次。间苗后要如步骤②追肥。

※ 如果土壤表面板结，就用移植铲翻耕 1~2 厘米深的土，改善通气性和排水性，植物才能更好地生长。

播种 1 个月后，小苗过于拥挤，需要间苗

3 〉 收获

当青梗菜成形后，按顺序采收。如果错过收获期，就会长出花芽。虽然花芽在超市很难见到，但作为菜花食用，十分美味。

13　叶菜类　　**小松菜**

十字花科

种植日历

● 播种　● 收获（含收获间苗）

3月	4月	5月	6月	7月	8月	9月	10月	11月	12月	1月	2月

虽然也可以在春天播种，但是因为害虫很多所以不太推荐。

推荐花盆尺寸

虽然大型花盆也可以种植，但普通花盆就足够了。

特征

播种 1 周后发芽。准备几个小花盆，每隔 2 周按顺序在每个花盆中播种，可以长时间不间断采收。富含维生素 C、胡萝卜素、无机盐。可以广泛用于凉拌菜、煮菜、炒菜中。

1 〉播种 防虫

播种 1 周内就会发芽。购买种子前要确认好是春播种子还是秋播种子。春播害虫较多，建议选择秋播种子。播种 4~5 日后就能发芽。

❶ 填入园艺专用土至高度 9/10 的位置。

❷ 充分浇水直到水从盆底流出。

❸ 平整土壤表面，用支架或角材挖两条 1 厘米深的种植沟。

❹ 间隔 1 厘米播种。用拇指和食指一粒一粒播种。

❺ 用拇指和食指捏着沟两侧的土壤将种子盖上，用手掌轻压。

为了让种子和土紧密接触，用手轻轻按压

❻ 轻轻浇水，不要把种子冲跑。播种前就要将土壤润湿。

❼ 为了发芽前土壤不干燥，可以在上面铺一层报纸。

❽ 一些种子发芽后就将报纸揭下，不要揭迟了。之后，不管是春播还是秋播，都要架防虫网。

2 〉间苗 追肥

❶ 第一次间苗

播种 7~10 天子叶展开后开始间苗。留下子叶大、茎粗的幼苗。间隔距离以叶子将将碰触为宜（2~3 厘米）。

❷ 第二次间苗

展开 3~4 片真叶后开始第二次间苗。

追肥的方法

◎ 有机肥（粉状发酵油渣）：在土壤表面呈玫瑰花状撒一层，然后在其上覆盖 3 厘米厚的树皮堆肥。

◎ 化肥：按照 1 升土壤对应 1 克化肥的量，在土壤表面呈玫瑰花状撒一层，用移植铲将化肥与土壤搅拌均匀。

◎ 液肥：每周施用一次，按照说明书的规定稀释。

❸ 第三次间苗

第三次间苗是最后一次。间苗后要如步骤❷追肥。

※ 如果土壤表面板结，就用移植铲翻耕 1~2 厘米深的土，改善通气性和排水性，植物才能更好地生长。

3 〉收获

当植株长到 20 厘米以上，按顺序采收。从根部剪下，可以洗掉泥土。

从根部剪下

14 果菜类 小番茄

茄科

种植日历

● 播种 ● 定植 ● 收获（含收获间苗）

3月	4月	5月	6月	7月	8月	9月	10月	11月	12月	1月	2月

推荐花盆尺寸

培育时需要较多土壤，所以要使用深盆。同时准备高150厘米以上的桶形支架。

特征

番茄大小各异，颜色有红、黄、橙、粉、紫等多种。有些成熟后仍是绿色。小番茄在花盆中就能简单培育，适合初学者种植。

1 〉定植

❶ 用盆底石或赤玉土覆盖花盆底部，在花盆中填入园艺专用土至高度9/10的位置。

❷ 充分浇水直到水从盆底流出。

❸ 在直径为50~60厘米的花盆中，定植一棵菜苗。

· 定植穴开在花盆中央，直径为10厘米，深5~6厘米。

· 肥料穴可以开在花盆两边，直径为10厘米，深10厘米。

❹ 往定植穴里浇水。等水渗透后再定植。在肥料穴中撒入两把粉状发酵油渣和树皮堆肥等比例的混合肥。如果没有粉状发酵油渣，可以用粒状发酵油渣代替。

❺ 在土壤表面覆盖3厘米厚的树皮堆肥，然后充分浇水。

❻ 架圆形支架，用麻绳将菜苗绑在支架上。

{ **其他注意事项** }

最好在稍微干燥的环境下培育，如果长期下雨，果实有可能开裂。阳光直射的屋檐是最理想的培育地点。

2 〉间苗　追肥

有机肥和化肥要每2~3周施用一次。

追肥的方法

◎ 有机肥（粉状发酵油渣）：在土壤表面呈玫瑰花状撒一层，然后在其上覆盖3厘米厚的树皮堆肥。

◎ 化肥：按照1升土壤对应1克化肥的量，在土壤表面呈玫瑰花状撒一层，然后在其上覆盖3厘米厚的树皮堆肥。

◎ 液肥：每周施用一次，按照说明书的规定稀释。每2~3周覆盖3厘米厚的树皮堆肥。

※ 如果土壤表面板结，就用移植铲翻耕1~2厘米深的土，改善通气性和排水性，植物才能更好地生长。

3 〉牵引

从菜苗时期开始，就主要让主茎生长，去掉腋芽。将主茎螺旋盘绕在桶形支架上。清理黄色或枯萎的叶子。不管是掐腋芽还是清理叶子，最好用剪刀进行。

用手掐掉腋芽

4 〉收获

当果实变红后，按顺序采摘。为了防止被鸟雀抢食，最好在果实稍微变色时采摘，然后放在室内催熟。

15 果菜类 柿子椒

茄科

种植日历

● 定植 ● 收获（含收获间苗）

3月	4月	5月	6月	7月	8月	9月	10月	11月	12月	1月	2月

推荐花盆尺寸

培育时需要较多土壤，所以要使用深盆。同时准备三根高100厘米以上的支架。

特征

柿子椒有普通的、超大尺寸的、不苦的、果肉为黄色或红色的等各种品种。比彩椒肉厚的青椒也是柿子椒。果实着色需要一段时间，容易受伤，所以不推荐在家庭菜园种植。不过可以选择培育迷你青椒等尺寸较小的品种。

1 〉定植

❶ 用盆底石或赤玉土覆盖花盆底部，在花盆中填入园艺专用土至高度9/10的位置。

❷ 充分浇水直到水从盆底流出。

❸ 在直径为50～60厘米的花盆中，定植一棵菜苗。

· 定植穴开在花盆中央，直径为10厘米，深5～6厘米。

· 肥料穴可以开在花盆两边，直径为10厘米，深10厘米。

❹ 往定植穴里浇水。等水渗透后再定植。在肥料穴中撒入两把粉状发酵油渣和树皮堆肥等比例的混合肥。如果没有粉状发酵油渣，可以用粒状发酵油渣代替。

❺ 在土壤表面覆盖3厘米厚的树皮堆肥，然后充分浇水。

覆盖 3 厘米厚的树皮堆肥

{ **其他注意事项** }

挑选菜苗的要点如下。
① 带有子叶。
② 茎粗。
③ 第一茬儿花绽放。

2 〉追肥

有机肥和化肥要每2～3周施用一次。

追肥的方法

◎ 有机肥（粉状发酵油渣）：在土壤表面呈玫瑰花状撒一层，然后在其上覆盖3厘米厚的树皮堆肥。

◎ 化肥：按照1升土壤对应1克化肥的量，在土壤表面呈玫瑰花状撒一层，然后在其上覆盖3厘米厚的树皮堆肥。

◎ 液肥：每周施用一次，按照说明书的规定稀释。每2～3周覆盖3厘米厚的树皮堆肥。

※ 如果土壤表面板结，就用移植铲翻耕1～2厘米深的土，改善通气性和排水性，植物才能更好地生长。

3 〉牵引

当菜苗长到30厘米以上，可以插三根支架，牵引主茎和相对健康苗壮的两个腋芽生长。

三根支架

4 〉收获

按顺序从大果开始收获。

果实长大
后收获

16 果菜类 黄 瓜

葫芦科

种植日历

● 定植　● 收获（含收获间苗）

3月	4月	5月	6月	7月	8月	9月	10月	11月	12月	1月	2月

推荐花盆尺寸

培育时需要较多土壤，所以要使用深盆。同时准备高 150 厘米以上的桶形支架。

特　征

超市里卖的黄瓜一般为表面光滑的品种。而自己可以培育各式各样的黄瓜。疙瘩多的、偏白的、迷你尺寸的，吃起来更可口。

1 〉定植

① 用盆底石或赤玉土覆盖花盆底部，在花盆中填入园艺专用土至高度9/10的位置。

② 充分浇水直到水从盆底流出。

③ 在直径为50～60厘米的花盆中，定植一棵菜苗。

· 定植穴开在花盆中央，直径为10厘米，深5～6厘米。

· 肥料穴可以开在花盆两边，直径为10厘米，深10厘米。

④ 往定植穴里浇水。等水渗透后再定植。在肥料穴中撒入两把粉状发酵油渣和树皮堆肥等比例的混合肥。如果没有粉状发酵油渣，可以用粒状发酵油渣代替。

⑤ 在土壤表面覆盖3厘米厚的树皮堆肥，然后充分浇水。

⑥ 架桶形支架。用麻绳将菜苗绑在支架上。

{ **其他注意事项** }

菜苗分为自根苗和嫁接苗。新土可以选择自根苗。自根苗就是从种子开始培育的普通苗。如果发现榆黄金花虫，要立刻捕杀。叶子上出现白色霉菌就是白粉病，要将变白的叶子清理干净。

害虫

2 〉追肥

有机肥和化肥要每2～3周施用一次。

追肥的方法

◎ 有机肥（粉状发酵油渣）：在土壤表面呈玫瑰花状撒一层，然后在其上覆盖3厘米厚的树皮堆肥。

◎ 化肥：按照1升土壤对应1克化肥的量，在土壤表面呈玫瑰花状撒一层，然后在其上覆盖3厘米厚的树皮堆肥。

◎ 液肥：每周施用一次，按照说明书的规定稀释。每2～3周覆盖3厘米厚的树皮堆肥。

※ 如果土壤表面板结，就用移植铲翻耕1～2厘米深的土，改善通气性和排水性，植物才能更好地生长。

3 〉牵引

我建议不要在生长过程中切掉腋芽，这样不仅可以长期收获，还不易染病。

4 〉收获

果实长大后按顺序采收。采摘过晚的话，果实太大，容易导致植株衰弱。

果实长大后收获

即使天气很热，秋葵也可以生长得健康，食用花也能品尝到秋葵的味道

17 果菜类 秋 葵

锦葵科

种植日历

●定植　●收获（含收获间苗）

3月	4月	5月	6月	7月	8月	9月	10月	11月	12月	1月	2月

推荐花盆尺寸

培育时土壤多一些更好，所以要使用深盆。

特征

秋葵是热带植物，所以畏寒，10摄氏度以下就无法生长，受到霜害就会枯萎。如果最高温度低于25摄氏度，就不能保证生长。一般秋葵的横断面是五角形，不过在日本冲绳，秋葵的横断面是圆形，也有茎和果实都是红色的品种。

170

1 〉定植

① 用盆底石或赤玉土覆盖花盆底部，在花盆中填入园艺专用土至高度9/10的位置。

② 充分浇水直到水从盆底流出。

③ 直径为 50～60 厘米的花盆中一般定植 1 棵苗。不过秋葵育苗时，一般都是一个育苗盆有 3～4 棵，千万不要将苗分开定植，要一起定植在花盆中，不然根扯断了容易导致苗枯萎。等苗展开 3～4 片真叶后进行间苗，只留一棵苗。

· 定植穴开在花盆中央，直径为 10 厘米，深 5～6 厘米。

· 肥料穴可以开在花盆两边，直径为 10 厘米，深 10 厘米。

④ 往定植穴里浇水。等水渗透后再定植。在肥料穴中撒入两把粉状发酵油渣和树皮堆肥等比例的混合肥。如果没有粉状发酵油渣，可以用粒状的代替。

⑤ 在土壤表面覆盖 3 厘米厚的树皮堆肥，然后充分浇水。

2 〉追肥

有机肥和化肥要每 2～3 周施用一次。

> { **其他注意事项** }
>
> 清除下部枯萎的叶子。

追肥的方法

◎ 有机肥（粉状发酵油渣）：在土壤表面呈玫瑰花状撒一层，然后在其上覆盖 3 厘米厚的树皮堆肥。

◎ 化肥：按照 1 升土壤对应 1 克化肥的量，在土壤表面呈玫瑰花状撒一层，然后在其上覆盖 3 厘米厚的树皮堆肥。

◎ 液肥：每周施用一次，按照说明书的规定稀释。每 2～3 周覆盖 3 厘米厚的树皮堆肥。

※ 如果土壤表面板结，就用移植铲翻耕 1～2 厘米深的土，改善通气性和排水性，植物才能更好地生长。

3 〉牵引

立一个支架牵引主茎。秋葵通常不需要支架，但是有强风时，立一个支架比较保险。

4 〉收获

采摘小个秋葵，它吃起来非常嫩。有的秋葵的食用部位只有花，不过其实所有秋葵的花都可以食用，可以加在沙拉中作为点缀。

红色秋葵

18 果菜类 茄子

茄科

种植日历

● 定植　● 收获（含收获间苗）

3月	4月	5月	6月	7月	8月	9月	10月	11月	12月	1月	2月

推荐花盆尺寸

培育时土壤多较好，所以使用深盆。同时准备三根高100厘米以上的支架。

特征

茄子富含膳食纤维，果皮为紫色，富含花青素。茄子可以用来做天妇罗、烤茄子、煮茄子、炒茄子、腌渍茄子等，是十分方便食用的蔬菜，尤其适合油多的烹饪方式，比如炸和炒。

1 〉定植

1. 用盆底石或赤玉土覆盖花盆底部，在花盆中填入园艺专用土至高度9/10位置。

2. 充分浇水直到水从盆底流出。

3. 在直径为50~60厘米的花盆中，定植一棵菜苗。立一个临时支架。

   · 定植穴开在花盆中央，直径为10厘米，深5~6厘米。

   · 肥料穴可以开在花盆两边，直径为10厘米，深10厘米。

4. 往定植穴里浇水。等水渗透后再定植。在肥料穴中撒入两把粉状发酵油渣和树皮堆肥等比例的混合肥。如果没有粉状发酵油渣，可以用粒状发酵油渣代替。

5. 在土壤表面覆盖3厘米厚的树皮堆肥，然后充分浇水。

茄子的花

2 〉追肥

有机肥和化肥要每2~3周施用一次。

追肥的方法

◎ 有机肥（粉状发酵油渣）：在土壤表面呈玫瑰花状撒一层，然后在其上覆盖3厘米厚的树皮堆肥。

◎ 化肥：按照1升土壤对应1克化肥的量，在土壤表面呈玫瑰花状撒一层，然后在其上覆盖3厘米厚的树皮堆肥。

◎ 液肥：每周施用一次，按照说明书的规定稀释。每2~3周覆盖3厘米厚的树皮堆肥。

※ 如果土壤表面板结，就用移植铲翻耕1~2厘米深的土，改善通气性和排水性，植物才能更好地生长。

3 〉牵引

当菜苗长到30厘米以上，可以插三根支架，牵引主茎和相对健康苗壮的两个腋芽生长。

4 〉收获

果实长大后就可以按顺序收获了。

果实长大后就可以收获了

一个花盆可以
收获这么多

19 | 根菜类 | 迷你萝卜

十字花科

种植日历

● 播种　● 收获（含收获间苗）

3月	4月	5月	6月	7月	8月	9月	10月	11月	12月	1月	2月

虽然也可以在春天播种，但是因为害虫很多所以不太推荐。

推荐花盆尺寸

培育时土壤多一些更好，所以使用深盆，同时使用配套的防虫网。

特征

白萝卜有上部为绿色的青头品种和上部为白色的白头品种。近年来，生食和腌渍一般用青头品种。另外，无农药种植的白萝卜叶也可以腌渍食用。白萝卜含有淀粉酶，有助于消化，还富含维生素C，可以预防感冒。

1 〉播种

① 用盆底石或赤玉土覆盖花盆底部，在花盆中填入园艺专用土至高度9/10的位置。

② 充分浇水直到水从盆底流出。

③ 每间隔10厘米开一个深1厘米的定植穴，可以用矿泉水瓶盖作为开穴工具。

④ 每穴播种3~4粒，然后用周围的土覆盖，并轻压。（种子分秋播和春播，请确认好。）

⑤ 轻轻浇水，最后搭设防虫网。

迷你萝卜点播

每穴留一苗

{ **其他注意事项** }

要等土壤表面干燥后再充分浇水，直到水从盆底流出为止。

---

2 〉间苗和追肥

① 展开2~3片真叶后间苗，每穴留一苗。

② 间苗后，呈玫瑰花状撒粉状发酵油渣，并在其上铺3厘米厚的树皮堆肥。

③ 追肥。

每2~3周施用一次化肥。

追肥的方法

◎ 化肥：按照1升土壤对应1克化肥的量，在土壤表面呈玫瑰花状撒一层，然后在其上覆盖3厘米厚的树皮堆肥。

◎ 液肥：每周施用一次，按照说明书的规定稀释。每2~3周覆盖3厘米厚的树皮堆肥。

※ 如果土壤表面板结，就用移植铲翻耕1~2厘米深的土，改善通气性和排水性，植物才能更好地生长。

3 〉收获

上面的叶子向外侧张开后就可以采收了。清除下部发黄的叶子，改善通风状况。采收前要一直罩着防虫网。

可以制干萝卜条：将切好的萝卜装在竹筛里，放在通风和日照都良好的阳台晒干。如果担心粘上花粉或灰尘，可以放在日照良好的窗台内侧。在空调下也能风干。

20 根菜类 水萝卜

十字花科

种植日历

●播种 ●收获（含收获间苗）

3月	4月	5月	6月	7月	8月	9月	10月	11月	12月	1月	2月

虽然也可以在春天播种，但是因为害虫很多所以不太推荐。

推荐花盆尺寸

花盆深 15 厘米就足够了，同时使用配套的防虫网。

特征

水萝卜有白色、红色、粉色品种。根富含淀粉酶，有助于消化。另外，根和叶富含维生素 A、维生素 B_2、维生素 C、无机盐和膳食纤维。

1 〉播种和防虫对策

❶ 用盆底石或赤玉土覆盖花盆底部，在花盆中填入园艺专用土至高度9/10的位置。

❷ 充分浇水直到水从盆底流出。

❸ 每间隔10厘米开一个深1厘米的定植穴，可以用矿泉水瓶盖作为开穴工具。

❹ 每穴播种3~4粒，然后用周围的土覆盖，并轻压。（种子分秋播和春播，请确认好。）

❺ 轻轻浇水，最后搭设防虫网。

点播6日后

2 〉间苗

❶ 展开2~3片真叶后间苗，每穴留一苗。

❷ 间苗后，呈玫瑰花状撒粉状发酵油渣，并在其上铺3厘米厚的树皮堆肥。

一穴一苗

3 〉追肥

每2~3周施用一次化肥。

追肥的方法

◎ 化肥：按照1升土壤对应1克化肥的量，在土壤表面呈玫瑰花状撒一层，然后在其上覆盖3厘米厚的树皮堆肥。

◎ 液肥：每周施用一次，按照说明书的规定稀释。每2~3周覆盖3厘米厚的树皮堆肥。

※ 如果土壤表面板结，就用移植铲翻耕1~2厘米深的土，改善通气性和排水性，植物才能更好地生长

4 〉收获

收获的果实尺寸标准如下。

小水萝卜：直径为4~5厘米。
中水萝卜：直径为8~10厘米。
大水萝卜：直径为20~30厘米。

从根部较大的水萝卜开始采收。采收过迟可能会导致果实开裂，所以要尽早采收。

叶子也可以食用

{ 其他注意事项 }

要等土壤表面干燥后再充分浇水，直到水从盆底流出为止。

后 记

　　我是从 20 年前在阳台种植葱开始种植蔬菜的。虽然费些功夫，但在家种菜让我体会到丰收的喜悦，之后花盆数量逐渐增加。最后，我萌生出自给自足的想法。为了抽出时间种蔬菜，我搬到了离公司骑车 10 分钟的地方居住，这样比以往节约了约 4 个小时的通勤时间，并将省下来的时间用来种植蔬菜。我也换了能在家工作、开会的半自由职业，这样就比以往有更多时间了。

　　现在，我从农户手中借来了 1 000 平方米的水田和 300 平方米的旱田。水田种植我们一家五口吃的大米，旱田种植土豆、洋葱、南瓜、大蒜等管理比较粗放的作物。而需要精细管理的番茄和黄瓜等果菜以及小松菜、青梗菜等叶菜，都在自家庭院里的花盆中培育。

如今，世界各国都投入巨资，研究新冠肺炎的特效药和疫苗。我对此也没有异议。只是觉得在过去，人类和疾病抗争的武器就是我们的免疫力和自愈力。为了提高身体的免疫力和自愈力，不仅要膳食平衡，吃优质的食物，还要适量运动，保持充足的睡眠。大家一定不要懈怠，要努力打磨身体这一"武器"。

　　谁也无法预测未来，所以我们都会陷入不安和焦虑之中，把握当下才是最重要的。于我而言，活在当下意味着播种、定植。比起吃从外面购买的蔬菜，吃自己种的蔬菜能让我感受到太阳、空气和水等大自然的恩惠，也能鼓舞我的精神。就是抱着这样的心态，我播下今天的种子。